Torfkraft

Untersuchungen über den Wert des Torfes
als Energiequelle und Vorschläge für
seine Nutzung für Großkraftwerke

Von

F. Bartel

Regierungsbaumeister a. D.

Mit 109 Textabbildungen

Berlin
Verlag von Julius Springer
1913

ISBN-13:978-3-642-98862-2   e-ISBN-13:978-3-642-99677-1
DOI: 10.1007/978-3-642-99677-1

Softcover reprint of the hardcover 1st edition 1913

Berlin
Verlag von Julius Springer
1913

Druck von Oscar Brandstetter in Leipzig.

Vorwort.

Die Versorgung ganzer Länderstriche mit elektrischer Energie, die fortschreitende Elektrisierung der Landwirtschaft und der Eisenbahnbetriebe hat eine steigende Nachfrage nach billigen Energiequellen gezeitigt. Die Wahl hoher Spannungen hat die Zentralisierung der Kraftversorgung in die Wege geleitet und die kleinen Kraftwerke verschwinden, weil unrentabel, immer mehr und mehr und werden Riesenwerken Platz machen, die die vorhandenen Wasserkräfte verwerten oder mitten in Kohlenbezirken liegen. Die minderwertige Kohle, wie die grubenfeuchte Förderbraunkohle, die sich zur Brikettfabrikation nicht eignet und daher einen längeren Transportweg nicht verträgt, hat große Werke entstehen lassen zur Versorgung ganzer Gebiete. Wir erinnern nur an die Elektrizitätswerke der Stadt Görlitz, an die Werke der Aktiengesellschaft Lauchhammer zur Versorgung des Elektrizitätsverbandes Gröba und der angrenzenden preußischen Provinzen, an das Werk der Grube Fortuna zur Versorgung von Köln und an das Werk Muldenstein der Königlichen Preußischen Eisenbahnverwaltung zur Elektrisierung der Strecken Magdeburg, Halle, Leipzig, Bitterfeld. Es ist sogar beabsichtigt, das letzte Werk für die Elektrisierung der Berliner Stadt- und Vorortbahnen weiter auszubauen.

In neuerer Zeit findet eine bisher sehr gering geschätzte Energiequelle, die der Torfmoore, steigende Beachtung. Vor längerer Zeit bereits hat Geh. Regierungsrat Prof. Dr. Frank als Erster darauf aufmerksam gemacht. Es war damals jedoch nicht möglich, diese Energiequelle auszubeuten.

Die Lage der Torfmoore an den Nordgrenzen des Deutschen Reiches, in Hannover und Ostpreußen, ermöglicht es zusammen mit Kraftwerken in den Stein- und Braunkohlenbezirken und unter Nutzung der Wasserkräfte Mittel- und Süddeutschlands durch einige große Kraftwerke ganz Deutschland mit elektrischer Energie zu versorgen[1]. Wie bekannt, ist beabsichtigt die Kraft der Rhone in Höhe von 250 000 PS auf eine Entfernung von 250 km nach Paris

---

[1] S. des Verfassers Vortrag auf der Tagung des Verb. deutscher Elektrotechniker 1912. ETZ 1912, S. 705—708.

zu übertragen. Die Versorgung der Stadt- und Ringbahn mit Bahnstrom vom Werke Muldenstein aus würde auf eine Entfernung von 132 km erfolgen. Die Leitungslängen der amerikanischen Kraftwerke mit 110 000 Volt Betriebsspannung betragen zurzeit auch bereits 250 bis 350 km, so daß eine Versorgung derart großer Gebiete heute schon durchaus sicher bewerkstelligt werden kann. Auch wir haben in der Kraftübertragung der A.-G. Lauchhammer bereits eine Betriebsspannung von 110 000 Volt. In Amerika ist zurzeit die höchste Spannung 135 000 Volt, jedoch bietet selbst die Anwendung von 150 000 Volt technisch keine Schwierigkeiten und ermöglicht in weitgehendem Maße die äußerste Ausnutzung der vorhandenen Kohlenfelder und Torflager.

Rechnet man den Kraftbedarf mit ca. 50 000 KW für eine Provinz, so ist es möglich, Mittel- und Norddeutschland durch vier Kraftwerke mit Energie zu versorgen. Es wären zwei Torfkraftwerke im Regierungsbezirk Osnabrück bzw. Gumbinnen zu errichten und je ein Braunkohlenkraftwerk im Lausitzer und Frankfurter Bezirk. Zur Herbeischaffung des Ladestromes und zur günstigen Spannungsregulierung des Netzes wären noch zwischen diesen an zwei bis drei Stellen Wasserkraftwerke zu bauen von höchstens 5000 bis 7000 KW-Leistung, die Tag und Nacht vollbelastet laufen würden.

Durch Verwendung des Torfes wird nicht nur eine billige Energiequelle geschaffen, sondern das abgetorfte Land ist auch in weit größerem Maße und mit geringen Kosten zur landwirtschaftlichen Nutzung geeignet. Wenn man bedenkt, daß für den Etat 1912 für die Aufschließung der ostfriesischen Moore 674 000 M. und für die Kultivierung von anderen Mooren und Ödländereien über 300 000 M. vorgesehen sind, so könnte man für die Ausnutzung des Torfes zu Kraftzwecken von dem Staate ein Entgegenkommen in der Art verlangen, daß die Torfmasse zu einem möglichst billigen Preis bzw. kostenlos zur Verfügung gestellt wird. Die Verpflichtung, das Land derart systematisch abzutorfen und zu entwässern, daß die landwirtschaftliche Nutzung der Abtorfung ohne weiteres folgen könnte, würde jeder übernehmen. Ein derartiges Entgegenkommen des Staates würde ihm Unkosten sparen und es ermöglichen, die Kosten für die elektrische Energie noch weiter herabzudrücken zum Wohle der Landwirtschaft und des Handwerks.

Es ist wohl möglich mit Unterstützung des Staates die Durchführung derartig großzügiger Projekte in die Wege zu leiten, zumal bei diesem Unternehmen der Staat durch Hergabe von Geld kaum in Anspruch genommen werden wird. Wie das Vorgehen der Provinzialverwaltung von Pommern zeigt, ist das Zusammenarbeiten privater Banken bzw. der Industrie mit den Selbstverwaltungsbehörden gut durchführbar, andererseits ist die Möglichkeit des Schaffens großer Zweckverbände nach Vorbild des Elektrizitätsverbandes Gröba gegeben.

Die vorliegende Arbeit soll nun die Nutzung des Torfes für Großkraftwerke und vor allen die Herstellung lufttrockenen Torfes als die einzig wirtschaftliche Form zeigen. Der Gegenstand ist ein sehr spröder und vorliegende Schrift wird daher an einzelnen Stellen nur Vorschläge geben können, die durch andere Bearbeiter weiter ausgeführt werden müssen. Wir können jedoch schon heute sagen, daß die Verwertung des Torfes in großen Kraftwerken durchaus möglich ist und die wirtschaftliche Ausnutzung selbst an die Ausnutzung der Braunkohlenfelder heranreicht, wobei der Vorteil, daß die Abtorfung große Länderstriche der Kultur zuführt, nicht berücksichtigt ist. Die Gewinnung von Steinkohle und vor allem Braunkohle im Tagebau schafft nicht Kulturflächen, sondern Unland bzw. Bruchflächen, die für die Kultur in den nächsten Jahrzehnten nicht geeignet sind.

Zu Danke verpflichtet bin ich in erster Linie dem „Verein zur Förderung der Moorkultur im Deutschen Reiche" und den Mitarbeitern der „Mitteilungen" für Überlassung von Druckstöcken und sonstigem wertvollen Material, ebenso bin ich durch einzelne Firmen mit Material, soweit es überhaupt vorliegt, unterstützt worden, wofür ich hier meinen Dank ausspreche.

Charlottenburg, im September 1912.

Bartel.

Inhaltsverzeichnis.

Abkürzungen.

KW = Kilowatt.
KW-St. = Kilowattstunde.
WE = Wärmeeinheiten, kg-Kalorien.
Handbuch = A. Hausding, Handbuch der Torfgewinnung und Torf-
verwertung, Berlin 1904.
M. = Mitteilungen des Vereins zur Förderung der Moorkultur,
Berlin.
Siegner = Siegner, Die Ausbeutung der bayerischen Moorschätze.
Z. = Zeitschrift des Vereines deutscher Ingenieure.
ETZ = Elektrotechnische Zeitschrift.

A. Die Torfmoore.

Entstehung der Moore.

Mit Moor bezeichnet man ein Gelände, das mit einer mindestens 20 cm starken Torfschicht bedeckt ist. Wird großen Mengen gewisser Pflanzen oder Pflanzenresten, die bei gemäßigter Temperatur dauernd mit Wasser bedeckt oder durchtränkt sind, dadurch der ungehinderte Zutritt der Luft verwehrt, so bildet sich Torf. Die Pflanzen oder Pflanzenreste verfaulen oder verwesen nicht, sondern sie vertorfen unter der langsamen Einwirkung des im Wasser gelösten Sauerstoffes, wobei sich neue Verbindungen, Humussäure, Ulmin usw. bilden und die Masse reicher an Kohlenstoff und ärmer an Wasserstoff und Sauerstoff wird. Die Moore, auch Moose, Moosbrücher, Filze, Fehne, Torfbrücher genannt, werden nach den torfbildenden Pflanzen in Niederungsmoore, Übergangsmoore und Hochmoore unterschieden. Die Niederungsmoore, auch Grünlands-, Unterwasser- oder Flachmoore genannt, bilden sich hauptsächlich am Rand stehender oder fließender Gewässer. Die Hochmoore sind in Talmulden entstanden mit undurchlässigem Boden, wie Ton, Lehm, der die Bildung stehenden Wassers verursachte. Sie haben ihren Namen daher, daß die Mitte häufig durch üppig wuchernde Torfbildner erhöht ist.

Die Übergangsmoore bilden den Übergang von Niederungsmooren zum mineralischen Boden bzw. zu den Hochmooren.

Dr. C. A. Weber, Bremen[1]), hat farbige Tafeln für die Querschnitte eines Niederungsmoores und eines Hochmoores entworfen und erläutert sie wie folgt[2]):

Abb. 1 zeigt das Profil eines Niederungsmoores[3]) mit seiner ursprünglich torfbildenden Vegetationsdecke.

---

[1]) Siehe Quellennachweis.

[2]) M. 07, S. 307, 321 ff.

[3]) Die Abb. 1 und 2 sind eine verkleinerte Wiedergabe der im Verlage von Gebrüder Bornträger in Berlin erschienenen farbigen Profile.

Abb. 1. Profil eines Niederungsmoores.

Die aufeinanderfolgenden Schichten sind von unten nach oben:

1. Diluvialer Untergrund.

2. Tonmudde, d. h. ein alluvialer Ton mit Beimischung von Mudde.

3. Lebermudde (Lebertorf). Eine Mudde von leberartiger Kon-

Abb. 2. Profil eines Hochmoores.

sistenz mit reichlicher Beimischung von Feinsand und Ton, beim Trocknen sich scherbig-blätterig zerklüftend.

4. Torfmudde. Eine Mudde, die statt des Sandes oder Tones mit Torfmulm vermischt ist, der meist durch Wellen und Eis von

den Torfschichten der Ufer der Gewässer abgerieben wurde. Sie bildet rechts den derzeitigen Boden des Gewässers, aus dem sich das Moor entwickelt hat. Das Gewässer erfüllt in dem tieferen Randteile eine limnetische Vegetation aus Fadenalgen, Characeen, Najadaceen, Potamogetonaceen, Lemnaceen, Nymphaeaceen, Ceratophyllaceen usw.

5. Schilftorf (Phragmitestorf). Rechts im seichtern Wasser das Schilfröhricht aus Arundo phragmites L., aus dessen Resten sich diese Torfschicht aufbaut.

6. Seggentorf (Carextorf). Rechts an einem Hochseggenbestande (Magnocaricetum) endend, dessen Wurzeln und Wurzelstöcke das Hauptmaterial dieser Torfschicht liefern.

7. Bruchwaldtorf. Über ihm ein Erlenbruchwald (Alnetum), hauptsächlich aus Schwarzerlen (Alnus glutinosa Gaertn.). Seine Wurzeln, Stubben und zu Boden gesunkenen Blätter, Reiser und Stämme stellen nebst den Resten der Bodenpflanzen das Material des Torfes dieser Schicht dar.

Die Bruchwaldschicht bildet das oberste Glied des Niedermoores. Die folgende Schicht:

8. Föhrenwaldtorf mit Birkenresten, entstanden aus den Rückständen des auf ihr stockenden Föhrenwaldes, gehört bereits den mesotrophen Torfarten an, und der von ihr bedeckte Teil des Moores ist bereits als Übergangsmoor zu bezeichnen.

Abb. 2 zeigt das Profil eines Hochmoores mit seiner ursprünglichen torfbildenden Vegetationsdecke.

Seine Schichten wurden, soweit sie mit denen des vorigen Profils entwickelungsgeschichtlich übereinstimmen, mit den gleichen Ziffern wie dort versehen.

1. Spätdiluvialer Untergrundsand.

5./6. Schilftorf und Seggentorf nebst telmatischem Moostorf aus Scorpidium scorpioides Limpr., Hypnum aduncum Hedw. usw.

7. Bruchwaldtorf wie in Abb. 1.

8. Föhrenwaldtorf mit Birkenresten.

9. Scheuchzeriatorf aus Scheuchzeria palustris L. z. T. mit Carex lasiocarpa Ehrh., Hypnum exannulatum Bryol eur. und Sphagnum laxifolium C. Müll. Streckenweise ersetzt durch Wollgrastorf aus Eriophorum vaginatum L. Letztes Glied der mesotrophen Bildungen.

10. Älterer Sphagnumtorf, stark zersetzt, hauptsächlich aus Sphagnum medium Limpr., S. fuscum von Klingg., S. teres Angstr., S. recurvum Pal. u. a. m. Dazwischen zerstreut dünne Faserschöpfe von Eriophorum vaginatum L. und Scirpus caespitosus L., nebst dünnen Reisern von Vaccinium oxycoccus L., Calluna vulgaris Salisb., Andromeda poliifolia L. usw. In dünnen linsenförmigen Bänken, den

Bultlagen, herrschen die Reste des Wollgrases und der Heidesträucher vor. Zuweilen fehlen die Bultlagen auf weiten Strecken.

11. Grenzhorizont mit dünnen Lagen von Wollgrastorf aus Eriophorum vaginatum L., Heidetorf aus Calluna vulgaris, Andromeda poliifolia usw. und Scheuchzeriatorf, gelegentlich auch streckenweise Föhrenwald- oder Birkenwaldtorf führend.

12. Jüngerer Sphagnumtorf, wenig zersetzt, ähnlich wie Schicht 10 zusammengesetzt.

Die torfbildende Vegetationsdecke zeigt insbesondere die floristischen Verhältnisse Nordwest-Deutschlands. Sie ist ein dichter Moosteppich aus verschiedenen Sphagnumarten, namentlich S. medium Limpr., S. imbricatum Russ., S. acutifolium Ehrh., S. Fuscum v. Klingg., S. teres Angstr. u. a. m. eingestreut besonders Drosera rotundifolia L., D. anglica Huds., D. intermedia Hayne, Vaccinium oxycoccus L. Dazwischen kleine Mooshügelchen, die Bulte, bewachsen mit Sphagnum medium Limpr., S. acutifolium Ehrh., Aulacomnium palustre Schwg., Polytrichum strictum Menz, Leucobryum glaucum Hampe, Dicranum Berger Bland., Hypnum Schreberi Willd., H. cupressiforme L., Calluna vulgaris Salisb., Erica tetralix L., Andromeda poliifolia L., Empetrum nigrum L., Myrica gale L., Narthecium ossifragum Huds., Scirpus caespistosus L., Eriophorum vaginatum L., E. angustifolium Roth, Molinia coerulea Mnch., Orchis maculata L. usw. Ferner nasse Mulden, die Schlenken, erfüllt mit Sphagnum laxifolium C. Müll., Rhynchospora alba Vahl, R. fusca R. u. Sch. selten (in Nordwest-Deutschland) auch mit Scheuchzeria palustria L. Oft auch größere oder kleinere Teiche, die Kolke, fast vegetationsleer. Nur an den Rändern ein Saum flutender Sphagnen, der Boden mit einer dünnen, schlammigen Lage oligotropher Torfmudde bedeckt, ihr Wasser zuweilen in schmalen Rinnsalen, den Rüllen, von dem Hochmoore abfließend. Indem die Bulte mit ihrer Heidevegetation von den Sphagnen überwachsen werden, liefern sie das Material der Bultlagen, die uns in dem Sphagnumtorf oft begegnen.

Ein sehr interessantes Hochmoorprofil aus den österreichischen Alpenländern mit einem Bestande von Legföhren und Tannen auf der jetzigen Mooroberfläche (Abb. 3) gibt uns Dr. Bersch, Wien, in seinen Vortrage[1]) über: Wein-, Hopfen- und Maisbau auf südlichen Mooren. Die Torfbildner der Übergangsmoore enthalten Vertreter beider Vegetationsarten.

Der Torf ist im frischen Zustande eine weiche wasserreiche, hellbraun bis schwarz gefärbte Masse, die sich beim Trocknen stark zusammenzieht. Je nach dem Alter des Torfes sind die Überreste

---

[1]) M. 10, S. 105.

der Pflanzen, aus denen er entstand, noch deutlich mit freiem Auge
bzw. mit Hilfe des Mikroskopes sichtbar; bei noch weiterer Ver-
torfung bei stark oder vollständig zersetztem Torf sind die Überreste
nicht mehr zu erkennen.

Abb. 3. Hochmoorprofil aus den österreichischen Alpenländern.

Der Torf der Niederungsmoore und der Übergangsmoore ist
meist weitgehend zersetzt, während bei den Hochmooren die obere
Schicht aus Moostorf besteht, bei dem die Zersetzung sich erst in
den ersten Anfängen befindet. Der Torf der Niederungs- und der

Übergangsmoore und des unteren Teils der Hochmoore eignet sich daher hauptsächlich zur Herstellung von Brenntorf. Die obere Moosschicht der Hochmoore kommt hauptsächlich zu Torfmull und Torfstreu zur Verarbeitung. Die Tiefe des Torfes in den Mooren schwankt sehr erheblich. Im Augstumalmoor im Kreise Heydekrug beträgt sie an einzelnen Stellen 10 m, im großen Moorbruch im Kreise Nietrup bis 13 m, im Moor bei Schehstedt bis 20 m und im Pentlacker Moor in Ostpreußen sogar 24 m. Moore von ähnlicher Mächtigkeit finden sich auch in Irland.

Die Torfmoore wachsen zum Teil auch heute noch weiter. Beim Warmbrückener Moor in der Provinz Hannover ist festgestellt, daß es bis $1^1/_2$ m innerhalb eines Zeitraumes von 30 Jahren gewachsen ist. An anderen Mooren ist ein Wachstum von kaum $^1/_2$ m in einem Jahrhundert gefunden worden. Man kann annehmen, daß innerhalb eines Zeitraumes von 50 bis 100 Jahren der Torf so weit zersetzt ist, daß er als Brenntorf Verwendung finden kann.

Vorkommen der Moore.

Die Torfmoore verbreiten sich über alle Länder der gemäßigten Zone, wo genügend Wasser vorhanden und die Temperatur in nicht zu großen Grenzen schwankt. Es ist nicht möglich, eine genaue Statistik über das Vorkommen der verschiedenen Moore der Welt zu geben, ja es ist sogar nicht möglich die Mächtigkeit der Moore Deutschlands in genauen Zahlen auszudrücken, es liegen vielmehr nur Schätzungen vor, die, wie wiederholt festgestellt wurde, durch die genauen Aufnahmen ganz beträchtig unter- oder überschritten werden.

Durch die Tätigkeit der preußischen Zentral-Moorkommission und ihrer Unterabteilungen und durch die Tätigkeit des Vereins zur Förderung der Moorkultur im Deutschen Reiche ist die Anlegung von Moorkatastern angeregt und bereits für einzelne Teile des Reiches in Angriff genommen.

Wirkl. Geh. Oberregierungsrat Professor Dr. Fleischer[1]) schätzt den Flächeninhalt der preußischen Moore auf 2248000 ha. Die Moore verteilen sich nach neueren Feststellungen ungefähr wie folgt auf die einzelnen Provinzen:

	Prozent der Gesamtfläche	ha
Ostpreußen	5,1	190000
Westpreußen	3,4	86000
Pommern	10,2	305000

---

[1]) Dr. Fleischer, Die Entwickelung der Moorkultur in den letzten 25 Jahren.

	Prozent der Gesamtfläche	ha
Posen[1]	10,0	326 000
Schlesien	2,2	87 000
Brandenburg	18,7	350 000
Sachsen	3,3	84 000
Hannover	14,6	565 000
Schleswig-Holstein	9,3	176 000
Hessen-Nassau	0,1	11 000
Rheinprovinz	1,7	45 000
Westfalen[2]	4,3	19 695

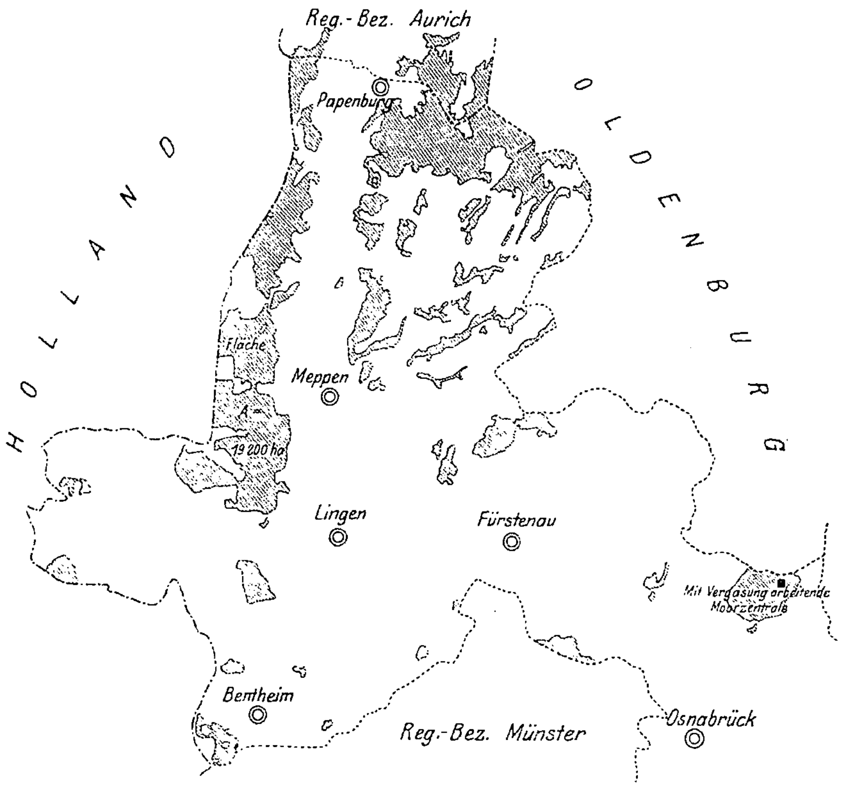

Abb. 4. Moore im Regierungsbezirk Osnabrück.

Besonders reich an Mooren ist der Regierungsbezirk Osnabrück, der rund 100 000 ha[3] Hochmoor enthält (Abb. 4). Auch der Um-

---

[1] M. 10, S. 25.
[2] M. 10, S. 38.
[3] Moorkultur, S. 61.

fang der Moore Ostpreußens ist recht beträchtlich, und zwar im nördlichen Teil (Abb. 5). Die bedeutendsten sind das Augstumalmoor (3) mit 4200 ha, das Moor am Nemonienfluß (6) mit 11 300 ha,

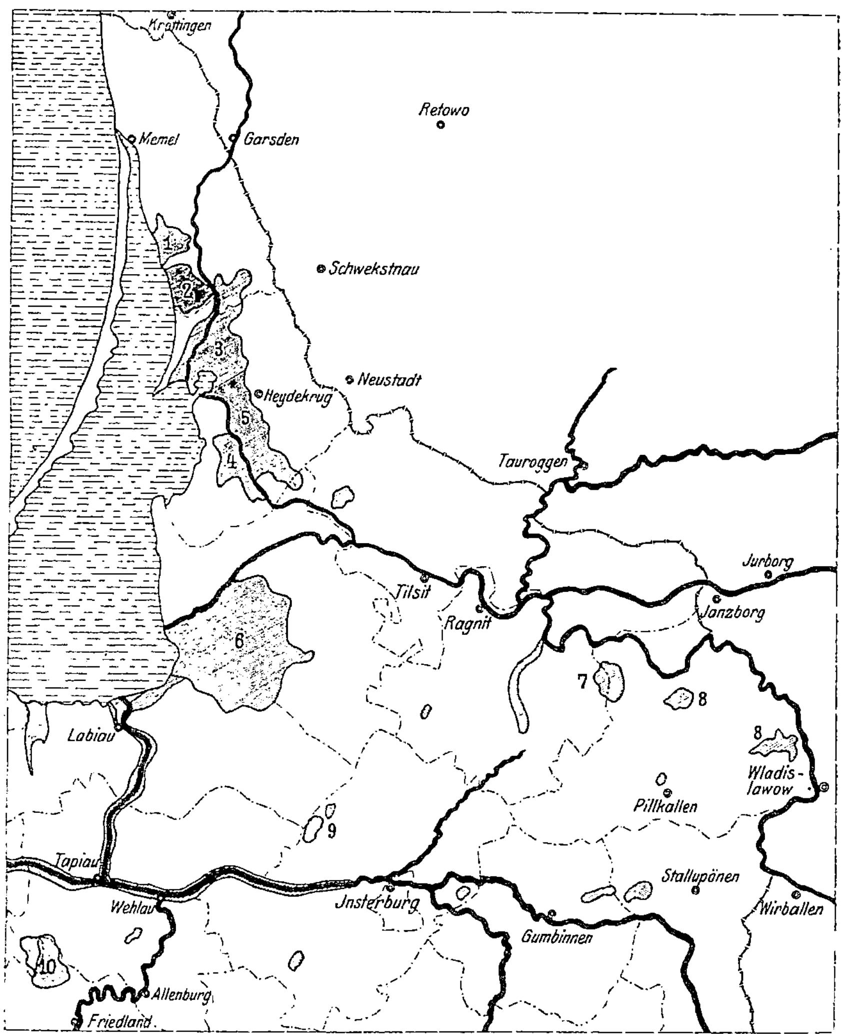

Abb. 5. Moore im nördlichen Teil der Provinz Ostpreußen.

das Ibenhorster Moor (4) mit 15 000 ha, das Rupkalwener Moor (1) mit 1820 ha, das Schwenzler (2) Moor mit 1130 ha, das Tyrus-Moor (5) mit 4000 ha, die Kacksche Balis (7) mit 2000 ha, die beiden Plinis (8) mit 1450 und 1670 ha, die Mupiau (9) mit 1300 ha und das Zehlau-Bruch (10).

Der Kreis Heydekrug besteht zu 30,6%, Labiau 25,8%, Niederung 22,18%, Tilsit 13% aus Mooren.

Wir haben die Aufzählung der wichtigsten Moore Ostpreußens aus dem Grunde vorgenommen, weil es nicht ausgeschlossen ist, daß ihre Verwertung zu Kraftzwecken, die Industrialisierung dieser Provinz, die schon so oft vergeblich versucht ist, in Gang bringen kann.

Die Größe der Moore der übrigen Länder Deutschlands beträgt:

	Prozent der Gesamtfläche	ha
Oldenburg	18,6	97 580
Württemberg[1])	0,8	18 000
Bayern	1,9	146 400

Über die Größe der Moore der anderen Staaten liegen zuverlässige Angaben nicht vor.

Die Hochmoore der Niederlande betragen ungefähr 91 500 ha. Frankreich hat bedeutende Moore nur am Unterlauf der Loire. Italien besitzt in den Lombardischen Provinzen ungefähr 1000 ha.

In Österreich und Ungarn wird zurzeit eine systematische Feststellung der vorhandenen Moorflächen vorgenommen, jedoch ist diese über die österreichischen Kronländer hinaus noch nicht gediehen. In einer Beilage zur Zeitschrift für Moorkultur und Torfverwertung (Oktober 11) ist ein Nachweis der Moore in Niederösterreich, Oberösterreich usw. enthalten. Nach dieser Aufstellung verteilen sich die Moore wie folgt:

Niederösterreich	3 378,0 ha
Oberösterreich	3 160,3 „
Steiermark	2 267,8 „
Kärnten	4 184,4 „
Krain	10 243,7 „
Tirol	2 280,9 „
Mähren	1 059,3 „
	26 574,4 ha

Bei dieser Aufstellung ist für Krain das Laibacher Moor mit 10 200 ha mit enthalten. Die Nachweisung für die moorreichen Länder Salzburg und Vorarlberg steht noch aus.

Rußland besitzt rund 17 000 000 ha Moorfläche, Schweden 3 460 000, Dänemark 23 500 ha, Großbritannien und Irland 2 500 000 ha. Sehr reich an Mooren ist Kanada. Das Vorkommen der Moore der Vereinigten Staaten von Nordamerika und ihre Abbaufähigkeit ist durch die Karte der Abb. 6 dargestellt, die der Zeitschrift „Power" vom

---

[1]) M. 09, S. 131.

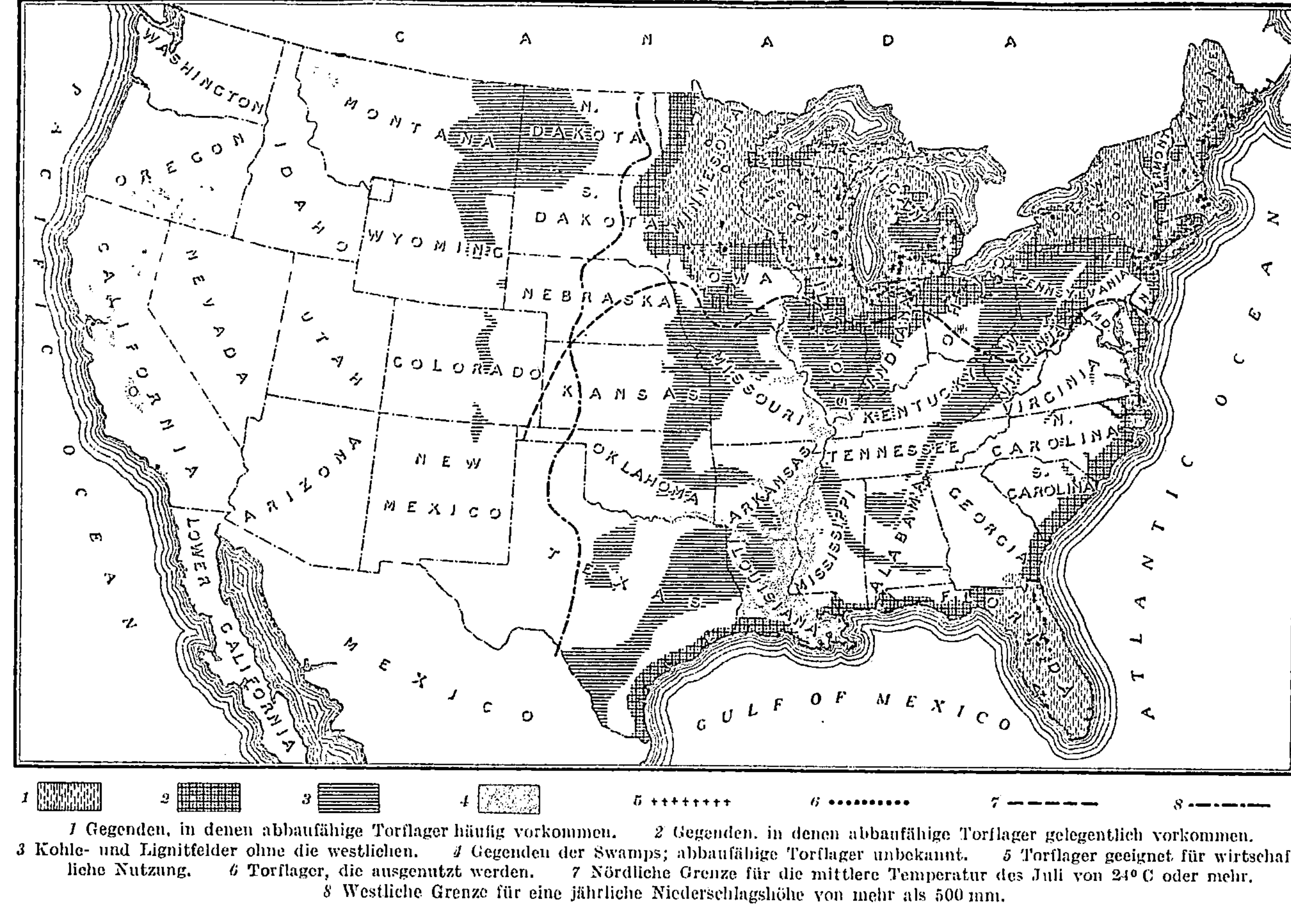

Abb. 6. Die Moore in den Vereinigten Staaten von Nordamerika.

19. Dezember 1911 entnommen ist. Die Größe der gesamten Torfflächen wird auf ca. 3 000 000 ha geschätzt.

In der subtropischen Region und in den Tropen kommen Hochmoore nicht vor, da die Sphagnummoose, aus denen das Hochmoor hauptsächlich besteht, dort nicht gedeihen können, weil sie unausgesetzt großer Wassermengen bedürfen. Niederungsmoore bilden sich jedoch im Unterlaufe der Flüsse, bzw. an Stellen, wo ihr Gefälle minimal ist. Beispiele hierfür sind die großen Swamps von Florida und die schwimmenden Moorinseln im Oberlauf des Nils, die die Schiffahrt periodisch vollständig sperren. Wie neuerdings mitgeteilt wurde[1]), hat Prof. Dr. Hoering, Berlin, ein Verfahren zum vollständigen Vertorfen und Verdichten des Nilmoorbodens ausgearbeitet, welches die Herstellung von sehr dichten Torfsoden ermöglicht, deren Heizwert dem guter Braunkohlen nahe kommen soll. Dieses ist für Ägypten um so bedeutungsvoller, weil Kohle oder andere brennbare Materialien dort nicht gefunden werden, sondern aus England, Deutschland usw. eingeführt werden müssen.

Die landwirtschaftliche Nutzung.

Es ist selbstverständlich, daß das Vorkommen der Moore, die oft einen großen Teil des Landbesitzes einzelner Staaten darstellen, von jeher die Aufmerksamkeit der Staatsregierungen auf sich gezogen hat, und daß diese von jeher bemüht waren, Mittel und Wege zu finden, diese gewaltigen Flächen der Kultur zuzuführen. In allen Staaten sind hierfür Behörden gegründet worden, bzw. haben sich Vereine der Kultur der Moore zugewandt. In Preußen ist es die Zentralmoorkommission mit ihren Unterabteilungen und als privater Verein für das Reich, der eine Staatsunterstützung bezieht: der Verein zur Förderung der Moorkultur im Deutschen Reiche. Von weiteren Einrichtungen ist die Moorversuchsstation in Bremen zu nennen. Außerdem ist an der Technischen Hochschule in Hannover ein Lehrstuhl für Moorverwertung geschaffen. Sogar in den Vereinigten Staaten von Nordamerika ist zurzeit reges Interesse vorhanden für die technische Ausnutzung der gewaltigen Moore.

Die Kultivierung der Moore Deutschlands ist schon frühzeitig in Angriff genommen; in Preußen sind bedeutende Erfolge in der Moorkultur erst unter der Regierung Friedrichs des Großen erzielt worden, wo ca. 250 000 ha der Kultur gewonnen und besiedelt wurden. Nach Friedrich dem Großen ist eine lange Zeit sehr wenig für die

---

[1]) Z. 11, S. 119.

Moorkultur getan worden, erst die Einführung der Moordammkultur nach Rimpau hat wieder die Kultivierung in Gang gebracht.

Dr. Fleischer stellt in seiner Denkschrift fest, daß erst ca. 15 bis 20 $^o/_0$ der Moore Preußens kultiviert sind, und daß es möglich wäre, auf den noch nicht kultivierten Mooren Preußens ca. 70000 Bauernfamilien anzusiedeln, und daß durch Nutzung der Moore als Weide die Fleischnahrung für ca. 15 Millionen Menschen jährlich gedeckt werden könnte.

Abb. 7. Hochmoor.

Die einfachste Form, die Moore zum Ackerbau zu verwerten, bildet die Moorbrandkultur[1]), die früher in großem Maßstabe durch private Ansiedler geübt wurde, heutzutage aber immer mehr und mehr verschwindet. Sie besteht darin, daß der notdürftig entwässerte und gelockerte Boden im Frühjahr in Brand gesteckt und teilweise eingeäschert wird. In diese Asche wird Buchweizen, seltener Hafer, gesät, jedoch sind diese Früchte sehr von der Witterung abhängig, da der Buchweizen mit zu den gegen den Frost empfindlichsten Getreidearten gehört. Das Los dieser armen Moorbauern ist kein beneidenswertes. Ihre zum Teil sehr dürftigen Hütten, aus Torf

---

[1]) Professor Dr. Tacke, Bremen: Moorkultur, S. 16 u. ff.

gebaut, lassen die Anspruchslosigkeit dieser Leute und ihr schweres Ringen nach dem täglichen Brot zu Recht erkennen. Eine lebenswahre Schilderung enthält der Roman: Geißler, „Das Moordorf".

Der hohe Wassergehalt der Moore nötigt zu kostspieligen Entwässerungsarbeiten. Der Mangel an Verkehrswegen macht den im Moor sehr kostspieligen Bau von Straßen erforderlich. Diese Arbeiten sind von einzelnen Moorbauern nicht zu bewältigen und daher mußte der Staat eingreifen.

Die Besiedelung der Hochmoore in Hannover und Oldenburg geschieht heute mit Unterstützung der Staatsbehörden, besonders ist der Staat Oldenburg in dieser Beziehung bahnbrechend vorgegangen. Durch Anlegung weitverzweigter Kanäle, die gleichzeitig als Schifffahrtskanäle dienen, wird die erforderliche Entwässerung geschaffen.

Die Siedler erhalten die Kolonate[1]) völlig unkultiviert und ohne Gebäude, sie zahlen kein Kaufgeld, sondern nur nach 10 Jahren eine Rente und müssen ein Torfgeld nach der Größe der abgetorften Fläche entrichten. Sie sind verpflichtet, drei Jahre nach der Anweisung das Haus zu erbauen, wie, ist ihnen überlassen. Sie erhalten Hausbaudarlehen zu $3\,^0/_0$ Zinsen, $0{,}5\,^0/_0$ Amortisation bis zur vollen Höhe der Brandkassensumme. Ferner erhalten sie Meliorationsdarlehen nach Fortschreiten der Kultur, die stärker abgetragen werden müssen, und Kultivierungsprämien bis zu 100 M. pro ha. Die Kolonate sind 10 bis 15 ha groß, zuweilen auch 2,5 bis 5 bzw. 80 ha.

Als Kulturart kommt entweder die holländische Fehnkultur, die ein Abtorfen voraussetzt, oder die Rimpausche Dammkultur bzw. das Besanden des Moores in Anwendung. Die Kosten betragen im Durchschnitte 541 M. für den ha Kulturfläche. Neuerdings wandelt die deutsche Hochmoorkultur das Moor unter Anwendung tierischer und künstlicher Düngemittel in ertragreiches Acker-, Wiesen- und Weideland um. Die Kosten betragen im Durchschnitt 223 M. für den ha.

Selbstverständlich ist trotz der schwierigen Art des Unternehmens die Moorkultur für landwirtschaftliche Großbetriebe[2]) durchaus geeignet, wie es die Erfolge auf der königlichen Herrschaft Schmolsin in Pommern zeigen.

Über den Wert der verschiedensten Nutzungsarten der Moore, ein Gegenstand, worüber die verschiedensten Meinungen herrschen, äußert sich Rittergutsbesitzer Beseler auf Cunrau[3]) wie folgt:

---

[1]) Regierungsrat Dr. Buhlert, Moorkultur, S. 46 u. ff.
[2]) Forstmeister Krahmer, Schmolsin: Ein moderner Großbetrieb auf Moor. Moorkultur, S. 29 u. ff.
[3]) M. 11, S. 100.

1. Das Moor, Hochmoor sowohl wie Niederungsmoor, ist von der Natur zur Nutzung als Grünland, Wiese und Weide, bestimmt. Die Nutzung der Moore als Ackerland ist zwar möglich, wie die zum Teil glänzenden Erfolge der Moordammackerkulturen und Hochmoorackerkulturen der Kolonisten, z. B. im Bourtangermoor usw., zeigen. Die Nutzung als Grünland ist aber leichter, weil die Verkrautung eine große Gefahr für den Mooracker ist und die Bearbeitung desselben eine fortwährende sorgsame Pflege beansprucht. Deshalb sind auch so viele Ackermoordämme wieder in Grünland gelegt. Das beweist

Abb. 8. Holzbestandenes Hochmoor (Schmolsin).

aber auch das Vorgehen des Herrn Landesökonomierat Rothbarth, der in Triangel auf Hochmoor den Ackerbau wieder aufgegeben und einen Weide- und Wiesenbetrieb im Großen mit gutem Erfolge eingerichtet hat.

2. Eine Weidewirtschaft hat aber wegen ihrer Einseitigkeit große Gefahren, welche ich vorhin angedeutet habe. Sie treibt aber insofern Verschwendung, als die großen produzierten Düngermengen nur unvollkommen ausgenützt werden.

3. Das Ideal ist also eine Moorkultur, die mit einem Ackerbaubetriebe auf Mineralboden in Verbindung steht. Hier schützt eine vielseitige Wirtschaft den Besitzer davor, daß er einmal in einem

Jahr einen vollständigen Mißerfolg hat. Das Moor gibt der Wirtschaft durch die auch in trockensten Jahren sichere Futtererzeugung ein solch sicheres Fundament auch bei leichtem Sandboden, wie es sonst nur unsere besten und wertvollsten Lehmböden haben. Das Moor wird also hier direkt ein erfolgreicher Kulturpionier für den leichten Sand. Und hierin liegt die große betriebswirtschaftliche Bedeutung von Moor und Sand: die Moorsandwirtschaft.

Wie weit die Moore auch gärtnerisch benutzt werden können, zeigt Ökonomierat Echtermeyer, Dahlem[1]). Diese Abbildungen lassen zum Teil die eigenartigen Reize der Hochmoore erkennen, die uns die Malerkolonie Worpswede im Teufelsmoor bei Bremen in ihren Gemälden so häufig vor Augen führt.

Die Nutzung zu anderen Zwecken als Vergasung und Verbrennung.

Direktor Schreiber, Wien, gab in der 25. Mitgliederversammlung des Vereins zur Förderung der Moorkultur eine sehr interessante Zusammenstellung[2]) der Verwendung des Torfes für alle Zwecke mit Ausnahme der Feuerung.

Wir geben im Nachstehenden einen Auszug, um zu zeigen, wie weit der Torf in der industriellen Aufarbeitung bereits heute Verwendung findet.

Torfstücke zu Isolierzwecken: Oertgen & Schulte in Duisburg a. Rhein und neuerdings die Deutschen Moormoos-Industriewerke in Königsberg in Preußen stellen Torfsteine zur Isolierung von Leitungen, Wänden, von Eiskellern und Eisschränken, für schalldichte Wände, ferner Kochkisten, fahrbare Feldküchen usw. her.

Torfsoden als Baumaterialien: Die ersten Torfhütten der Moorbauern waren aus Torfsoden hergestellt. Der guten Isolierfähigkeit wegen waren diese Hütten im Sommer sehr kühl und im Winter sehr warm. Neuerdings werden Torfsoden als Zwischenwände verwandt, die zum Teil mit einem Gipsmantel, der Feuersicherheit wegen, überzogen werden.

Ferner kommen in Frage: Torfplatten zum Auslegen von Lehrmittelkästen.

Zugeschnittene Torfstücke zur Herstellung von Terrarien.

Modellierte Torfstücke als Ausstopfkörper.

Torfstücken zum Einbetten zerbrechlicher Gegenstände.

Torffurniere für Bilderrahmen und Kästen.

---

[1]) M. 11, S. 115—135.
[2]) M. 07, S. 145—168.

Torfblöcke zu verschiedenen Nippsachen in ungepreßtem oder gepreßtem Zustande.

Ferner Torfstreu bzw. Mull. Gerade diese letztere Verwendung findet immer mehr für Stallungen Anwendung, da das Torfstreu eine große Wasseraufsaugefähigkeit besitzt und gleichzeitig desinfizierend wirkt.

Im Deutschen Reiche sind ungefähr 70 Streufabriken,

in Österreich ca. 12,
in der Schweiz ca. 75,
in den Niederlanden 6, jedenfalls noch mehr,
in Dänemark 2,
in England 2,
in Norwegen 41,
in Schweden 102,
in Finnland 7 vorhanden.

Außerdem findet Torfmull eine große Anwendung für Aborte in Orten ohne Kanalisation bzw. in freistehenden Gehöften, ferner als Betteinlage für Kranke und Kinder, als Aufsaugemittel für Flüssigkeiten, als Filter und zu Keimapparaten. Torfmull als Konservierungsmittel von Melasse, Kartoffeln und Blut, Torfstreu und Mull zur Wundbehandlung, für Aufbewahrung und Verpackung von frischen Pflanzenteilen, Fleisch und zerbrechlichen Gegenständen. Torfmull zur Lockerung von Düngemitteln, Torfstreu und Mull als Kälte- und Wärmeschutz zur Herstellung leichter poröser Ziegel durch Mischung mit Lehm. Die Herstellung von Geweben aus Fasertorfstreu hat keine Einführung gefunden, und verschiedene Fabriken haben nach kurzer Zeit ihren Betrieb einstellen müssen. Das gleiche gilt von der Verwendung des Torfes zu chemischen Produkten, wie Weingeist und Melassesirup.

Neuerdings wird versucht, Torf durch Zugabe von verschiedenen Materialien, wie Kalk, Gips, Schwefel, Asbest, Kupfervitriol, Kies, Zement, Wasserglas, Borax, essigsaure Tonerde, Teer, Asphalt, Pech, Gummi, Harzöl, Kork, Stroh, Häcksel, Holzschliff, Sägespäne, Leim, für Bauzwecke geeignet zu machen. Von all diesen Vorschlägen bzw. Versuchen ist zurzeit sehr wenig zu hören. Nur Rhadoonit, hergestellt in Dohna in Sachsen, findet in der elektrischen Industrie als Schalttafeln für Zähler und kleine Hausinstallationen usw. Verwendung. Ferner hat das Torfmoosdach, Patent von Wangenheim, Vertreter Duckert, Freienwalde (Pommern), eine größere Bedeutung erlangt. Von den Moormoosgipsplatten und der Moormoosasphaltdachpappe der Ersten Deutschen Moormoosindustrie-Genossenschaft zu Königsberg in Preußen liegen unsers Wissens Angaben noch nicht vor.

Rohtorf zur Herstellung von Papier und Pappe zu verwenden, sind verschiedentliche Versuche gemacht, jedoch sind sie alle daran gescheitert, daß es nicht möglich ist, die vorhandenen mineralischen Stoffe leicht und weitgehend genug zu entfernen. Auf die Verwendung von Moorerde zu Bädern mag noch hingewiesen werden.

Die Verwendung des Torfes zu Leuchtgas hat keine Bedeutung gewonnen.

Die Abtorfung der Moore zur industriellen Nutzung bereitet ohne Kosten die Fehnkultur vor:

Die auf dem Torf lagernde Bunkerde wird vor Entnahme des Torfes abgegraben und auf den bereits abgetorften Grund verbreitet und bildet so auf dem Sanduntergrunde des Moores die Humusschicht für den Ackerbau. Die Moorkultur wird dadurch zu einer Kultur, die sich von der auf normalem Ackerboden kaum unterscheidet.

Selbstverständlich darf bei der Torfgewinnung kein Raubbau getrieben werden, sondern der Torf muß gleichmäßig entfernt werden.

B. Der Torf.

a) Vorbereitung der Moore.

Der Wassergehalt der Moore beträgt ca. 90 bis $95^0/_0$, und das Wasser steht meistens so hoch, daß das Moor mehr oder weniger in dem Urzustande das Bild eines Sumpfes darstellt, der weder Menschen noch Tiere trägt, also in keiner Weise weder landwirtschaftlich noch technisch verwertet werden kann.

Vor Inangriffnahme irgendwelcher Arbeiten ist das Moor daher eingehend zu entwässern, und zwar möglichst ein bis zwei Jahre vor Inangriffnahme der Torfstecharbeiten.

Es ist auf jeden Fall anzustreben, die Entwässerung eher durch natürliches Gefälle nach einem Vorfluter zu bewirken, als Zuflucht zu künstlichen Entwässerungsmitteln, wie Schöpfräder, Kreiselpumpen usw., zu nehmen. Der Antrieb dieser Maschinen erhöht die Betriebskosten bedeutend, wenn auch scheinbar die Anlagekosten bei natürlicher Entwässerung etwas größer sind.

Es wird zweckmäßig sein, einen Hauptgraben durch das Moor zu legen. Der Hauptgraben muß bis auf den Sand heruntergeführt werden, um auch später bei der landwirtschaftlichen Nutzung auszureichen. Seine Breite hängt von der Widerstandsfähigkeit des Moores ab. Um ein Zuschwemmen durch die nachdrückende Torfmasse zu verhindern, ist er der fortschreitenden Entwässerung entsprechend allmählich zu vertiefen. Sein Gefälle ist mit 1 : 500 bis 1 : 1000 anzunehmen. Die Wassermenge ist mit 0,65 l für den Hektar zu rechnen.

Senkrecht zum Hauptentwässerungskanal sind in Abständen von 30 bis 50 m Gräben von 0,3 bis 0,5 m Breite zu ziehen. Wieder senkrecht zu diesen in Abständen von je 12 m weitere Gräben, so daß das Moor mit einem vollständigen Grabennetz überzogen ist.

Die aus den Gräben ausgehobene Moorerde müßte gut verteilt werden, um das Moor als Trockenfeld vorzubereiten. Eine etwa erforderliche Planierung ist gleichzeitig mit der Grabenarbeit vorzunehmen.

Man kann für 1 ha so entwässerten Moores[1]) 10000 m Gräben rechnen. Die Herstellungskosten betragen im Durchschnitt 6 Pf. für 1 m Gräbenlänge. Die Herstellung des Hauptkanals ist in diesem Preise nicht enthalten. Die jährlich vorzunehmenden Nachputzarbeiten sind mit 1 M. pro 100 m in Anrechnung zu bringen.

Es ist selbstverständlich, daß die Entwässerung des Moores nicht nur auf den Teil beschränkt wird, den man im laufenden Jahre abbauen bzw. als Trockenplatz benutzen will, sondern die Entwässerung muß systematisch nach einem genauen Plane erfolgen, der möglichst durch einen Kulturingenieur nach sorgfältiger Untersuchung des Moores hergestellt wird. Vor allem ist ein genaues Längsnivellement herzustellen, um die Entwässerung des ganzen Moores nach einem Vorfluter vornehmen zu können.

Einen Entwässerungsplan für ein großes Torfwerk zeigt Abb. 106 S. 154.

Gut entwässertes Moor, besonders Hochmoor, trägt dagegen Maschinen und Menschen in genügender Weise, so daß also die Gewinnung des Torfes dann in Angriff genommen werden kann. Bei Anwendung von Maschinen größerer Leistung, wie später gezeigt werden soll, ist es erforderlich, daß die Maschinen auf dem Sanduntergrunde aufgestellt werden, weil ihr Gewicht zu schwer wird, und andererseits muß die Entfernung des Torfes möglichst in einer Arbeitsschicht vorgenommen werden, um das Moor schnell der landwirtschaftlichen Nutzung zugänglich zu machen.

Die Nutzung von Niederungsmooren, die nicht entwässerbar bzw. bei der späteren landwirtschaftlichen Nutzung wirtschaftlich nicht wasserfrei zu halten sind, darf auf keinen Fall durch industrielle Anlagen durch Abtorfen geschehen, da die industrielle Nutzung nicht Unland zurücklassen darf, sondern beim richtigen Wirtschaftsbetriebe nur die Vorbereitung zur landwirtschaftlichen Nutzung

---

[1]) Siegner, Die Ausbeutung der bayrischen Moorschätze, S. 34.

sein soll. Die Nutzung dieser Niederungsmoore muß daher der Landwirtschaft überlassen bleiben, und zwar durch Wiesenkultur. Nach der Entwässerung enthält das Moor immer noch 85 bis 90 $^0/_0$ Wasser. Die Kosten für etwaige Abholzungsarbeiten werden durch den Erlös für das Holz bei weitem gedeckt.

b) Herstellung lufttrockenen Torfes.
Handstich.

Die älteste Gewinnungsart des Torfes stellt der sog. Stichtorf dar.

Abb. 9 läßt die Art der Gewinnung erkennen. Die „Soden" werden in der Größe von 430·120·120 mm durch zwei bis vier Mann

Abb. 9. Die Gewinnung des Stichtorfes.

mit besonderen Spaten aus dem Torflager gestochen und nach dem Trockenplatz gefahren.

Eine sehr interessante Darstellung der einzelnen Formen der Torfstechgeräte, die auch für uns Gültigkeit hat, gibt Dr. Viktor Zailer in der Zeitschr. für Moorkultur und Torfverwertung (Wien 11, S. 89—105). Wir verweisen im übrigen auf: A. Hausding, Handbuch der Torfgewinnung und Torfverwertung, Berlin 1904, ein Werk, das die geschichtliche Entwickelung der Torfgewinnung in erschöpfender Weise darstellt.

Die Kosten für Gewinnung größerer Mengen Stichtorfes werden durch die große Zahl der beschäftigten Arbeiter so ungünstig ge-

Abb. 10. Gewinnung des Backtorfes I.

Abb. 11. Gewinnung des Backtorfes II.

staltet, daß diese Gewinnungsart für große Betriebe nicht mehr in Frage kommt. Die Leistung von vier Torfstechern beträgt nach A. Hausding und Siegner ca. fünf bis sieben Tonnen Trockentorf pro Tag. Die Kosten für die Tonne Trockentorf ab Trockenfeld stellen sich auf vier bis sechs Mark.

Die Mängel des Stichtorfes, vor allem sein geringes spezifisches Gewicht und die große Aufsaugefähigkeit von Luftfeuchtigkeit machen

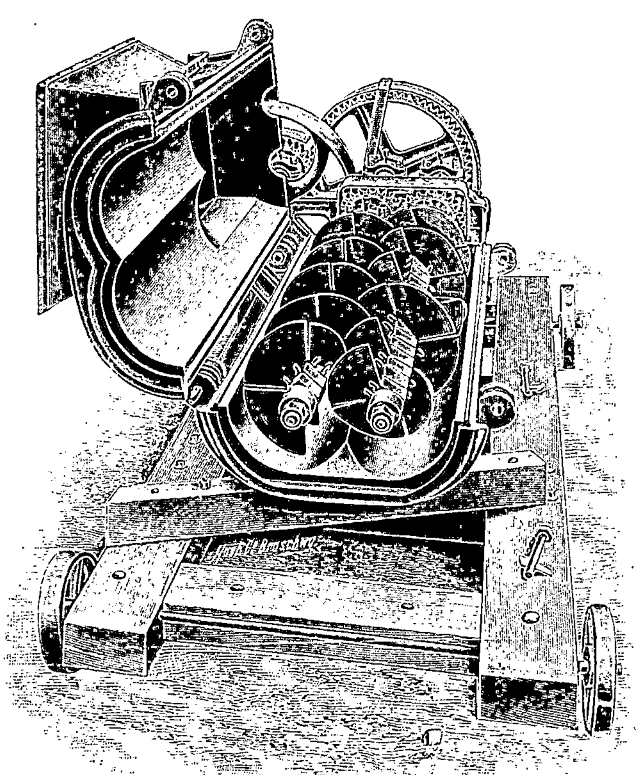

Abb. 12. Torfmaschine mit vollen Schneckenwellen.
(Maschinenfabrik Dolberg.)

ihn für Feuerungen großer Betriebe ungeeignet. Ferner ändert sich seine Zusammensetzung dauernd, da er nacheinander aus den verschiedenen Schichten gestochen wird.

Ebensowenig eignet sich der Backtorf, wie er für den Eigengebrauch von den Anwohnern der Torfmoore hergestellt wird (Abb. 10 und 11), für die Gewinnung in großen Mengen.

Die aus dem Moore ausgehobene Torfmasse wird mit Wasser verrührt, durch Menschen oder Tiere gründlich durchgeknetet und auf die Trockenfläche ausgebreitet. Der Torfkuchen wird nachträglich durch lange Messer in Form von Soden geschnitten und entsprechend weiter verarbeitet.

Um einen dichteren Trockentorf zu erhalten, der beim Trocknen wenig schwindet, beim Lagern weniger Wasser aufsaugt, einen kleinen Raum einnimmt bei größerem spezifischem Gewicht und eine größere Widerstandsfähigkeit besitzt, um das Verladen und den

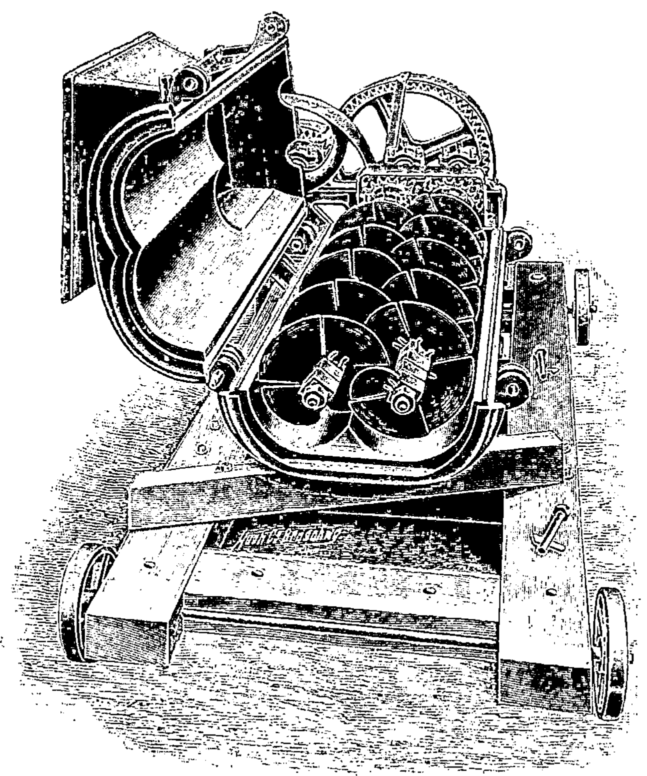

Abb. 13. Torfmaschine mit unterbrochenen Schneckenwellen.
(Maschinenfabrik Dolberg.)

Transport besser zu vertragen, wird die Torfmasse vor ihrer weiteren Bearbeitung durch Zerreiß- und Mischmaschinen zerkleinert. Der Antrieb dieser Maschinen erfolgt durch tierische Kraft bzw. mechanische, in letzterer Zeit häufig durch elektrische Energie.

Hausding beschreibt in seinem Handbuch die verschiedenen Arten der Torfmaschinen mit einer ausführlichen geschichtlichen Ent-

---

Anmerkung: Für die Abb. 12—15 waren photographische Aufnahmen nicht erhältlich.

wickelung. Es sind dort auch die verschiedenen Einzelkonstruktionen eingehend erläutert, so daß wir uns darauf beschränken können, die Bauart der in neuerer Zeit zur Verwendung gelangenden Maschinen kurz zu streifen.

Die Torfmasse gelangt durch einen Schütttrichter in Schneidmaschinen, die meistens aus zwei gegenläufigen Messerschnecken bestehen, die ineinandergreifen und teilweise mit besonderen Messern ausgerüstet sind, um die Torfmasse zu zerreißen und vorwärts zu drücken. Die Anordnung und Bauart der Messerwellen ist aus

Abb. 14. Torfmaschine mit Vorreißwerken.
(Rixdorfer Maschinenfabrik.)

Abb. 12 und 13 ersichtlich, die Schneckenwellen mit vollen und unterbrochenen Schneckengängen zeigen.

Die Firmen Rixdorfer Maschinenfabrik, Neukölln und A. Heinen, Varel (Oldenburg), führen außerdem Torfmaschinen aus, die außer den beiden Messerwellen noch mit Vorreißwerken, die gleichfalls aus zwei Messerwellen bestehen, ausgerüstet sind (Abb. 14). Hierdurch wird eine noch weitergehende intensive Durcharbeitung des Rohtorfes bewerkstelligt, was gerade bei Torfmooren, die noch wenig zersetzt sind, z. B. bei den jüngeren Hochmooren, durchaus notwendig ist, um einen dichten Maschinentorf zu erhalten. Aus der Schnecke wird der Torf durch ein Mundstück herausgedrückt, das der Torfmasse die entsprechende Form gibt. Die heraustretenden

Torfstränge werden von Hand durch Messer auf die gewünschte Sodenlänge zerschnitten und auf Torfbretter abgelegt bzw. werden sie durch automatische Abstech- und Abschneidevorrichtungen zerteilt.

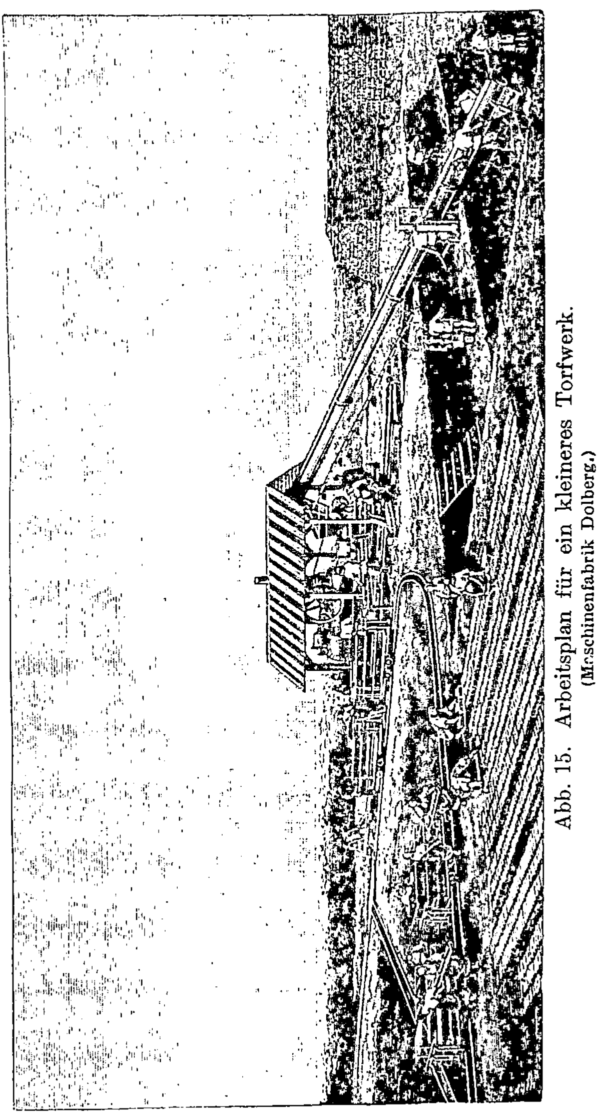

Abb. 15. Arbeitsplan für ein kleineres Torfwerk. (Maschinenfabrik Dolberg.)

Die Konstruktion dieser Schneidevorrichtung entspricht der der Ziegelpressen.

Die Zuführung des Rohmoores zu den Torfmaschinen geschieht durch Karrenbahnen, bei größeren Anlagen durch Feldbahnen, bzw.

ist die Maschine derart aufgestellt, daß die Rohmasse aus dem Torfstich durch einen Kratzer hoch gefördert werden kann. Das Beschicken des Kratzers geschieht von Hand.

In der Abb. 15 ist ein Arbeitsplan für ein kleineres Torfwerk dargestellt.

Nachstehend geben wir eine Zusammenstellung der Maschinengrößen, wie sie von der Firma Dolberg hergestellt werden, mit Leistungen, Anzahl der Arbeiter usw. für trockenes Moor und Stechen der Torfmasse durch Spaten:

Tagesleistung in Soden Größen 200·100·100 mm	Erforderliche Torfmasse pro Tag m²	Trockentorf pro Tag t	Maschine Nr.	Betriebskraft	Anfuhr der Torfmasse zur Maschine	Abfuhr der Soden zum Trockenplatz	Erforderliche Arbeiterzahl ca.
10—12 000	24—30	3,6—4,5	3 a	1 Pferd	durch Handkarren oder Feldbahn	durch Karren oder Feldbahn	6
18—25 000	43—60	6,5—9,0	2	2 Pferde	do.	do.	10
30—40 000	90—120	13,5—18	1 a	Lokomobile 4—6 PS eff.	durch Feldbahn	durch Feldbahn	10—12
60—80 000	180—240	27—36	1 b	Lokomobile 15—18 PS eff.	durch Elevator	do.	15—18
60—80 000	180—240	27—36	1 c	Lokomobile 21—28 PS eff.	do.	do.	15—18

Man sieht aus dieser Aufstellung, daß die Maschinen sich für Großbetriebe nicht eignen, weil die Anzahl der erforderlichen Leute zum Bedienen der Maschinen zu groß ist.

Eine Zeitlang hat der Eichhornsche Kugeltorf viel von sich reden machen, weil ihm nachgerühmt wurde, daß die Kugelform der einzelnen Stücke eine weitgehende Trocknung und vor allem leichte Transportmöglichkeit bei Trocknung in Scheunen ermöglichen sollte (Handbuch, S. 184—188).

Es sind verschiedentlich Fabriken zur Herstellung dieser Torfform errichtet worden, jedoch sind sie alle wieder eingegangen, weil sich ein wirtschaftlicher Vorteil gegenüber der Herstellung der prismatischen Torfstücke nicht ergab. Ebenso hat das Challetonsche Schlämmverfahren bzw. das neuere Verfahren von Galecki keine besondere Anwendung gefunden, weil es sich herausgestellt hat, daß es nicht möglich ist die erdigen Bestandteile in der gewünschten Weise zu entfernen. In Montauger bei Paris, in verschiedenen Anlagen Süd-Frankreichs, in der Schweiz und in dem Schlemmtorfwerk Langenberg bei Stettin sind Versuche im großen mit diesem Verfahren angestellt worden. Die frisch gewonnene Torfmasse wurde unter Wasserzufluß durch Walzen zerrissen und zerkleinert und in Rührwerken mit vielem Wasser in einen dünnen Brei verwandelt. Der Torfbrei wurde dann durch feine Siebe entfasert und in Röhren nach den Filterbehältern geleitet, die aus 5 m² großen und 0,5 m tiefen Gruben bestanden, deren Boden mit Schilf und Rohr belegt war. Nach dem Einsickern des Wassers wurde der verdichtete Schlamm in regelmäßige Soden geschnitten und die Soden in erwärmten Räumen nachgetrocknet. Die Anlagekosten und der Betrieb dieser Anlagen stellten sich jedoch so hoch, daß von einer Wirtschaftlichkeit keine Rede war. Durch dies Verfahren erlangte man einen sehr dichten Torf, aber die Entfernung des im Torfbrei fein verteilen Flugsandes, des Tones, Kalks oder Gips gelang nicht. Das gleiche gilt von dem Siebverfahren von Versmann. Große Bedeutung wurde der Gewinnung des formlosen Krümeltorfes zugesprochen. Dieser so vorbereitete Torf sollte sich hauptsächlich für die Vergasung in großen Generatoren eignen und die ganze Torfgewinnungsfrage schien mit einem Schlage gelöst zu sein. Aber überall, wo seine Gewinnung versucht wurde, ist sie wieder aufgegeben worden, weil die Herstellung doch mit größeren Schwierigkeiten verknüpft war, als anfangs angenommen wurde. Auch waren die Kosten bedeutend höher als ein Drittel der Kosten des Sodentorfes, wie angegeben wurde. Die Herstellung geschieht durch Pflügen oder Eggen der Torfoberfläche und Zusammenhäufeln durch Maschinen. Sie wurde zuerst in Kanada versucht. Abgesehen davon, daß bei dieser Art der Gewinnung des Torfes die Schichten des Moores nacheinander abgebaut werden, also ein Material entsteht, das ständig in der Zusammensetzung und dem Heizwert wechselt, hat diese Aufbereitung gegenüber der Gewinnung des Torfes als Sodentorf schwere Nachteile.

Die Krümel kommen nach dem Pflügen auf dem frischen Untergrunde, der noch sehr naß ist, zu liegen, so daß das Trocknen derselben große Schwierigkeiten bereitet. Andererseits sind die Krümel derart locker, daß sie intensiv Feuchtigkeit aus der Luft aufsaugen und bei jedem Regenguß oder starkem Nebel vollständig durchnäßt werden. Der Transport des Krümeltorfes nach der Zentrale, die Stapelung usw. bereiten gleichfalls große Schwierigkeiten. Die seinerzeit bei der Saline Aussee in Angriff genommene Krümeltorfgewinnung hat mit einem vollständigen Mißerfolg geschlossen, ebenso hört man von den Anlagen Kanadas nichts mehr. Wir möchten auf keinen Fall raten, die Herstellung des Krümeltorfes in großen Betrieben von neuem zu versuchen, da der Mißerfolg sicher vorauszusehen ist.

Die maschinelle Gewinnung des Torfes.

Die Versuche, den Torf aus dem Torflager maschinell zu gewinnen, liegen schon sehr weit zurück, haben aber bis heute keinen großen Erfolg gehabt, weil eben der Bedarf nach großen Torfmengen und billiger Herstellung nicht vorlag. Die dem Handstichbetrieb nachgebildete Form stellt die Torfstechmaschine dar, die hauptsächlich für unentwässerbare Moore Verwendung findet. Diese Torf-

Abb. 16. Torfbagger Bauart Dr. Wieland.

stechmaschine hat natürlich für den Großbetrieb nur geringen Wert, weil die Leistung derselben eine sehr geringe ist, sie beträgt höchstens 180 bis 240 m³ Torfmasse pro Tag. Es ist selbstverständlich auch schon sehr lange versucht worden, den Eimerkettenbagger für die Gewinnung des Torfes im großen nutzbar zu machen. Hausding beschreibt in seinem Handbuch eine Baggermaschine von Schlickeysen (Rixdorfer Maschinenfabrik). Jedoch sind wirkliche Erfolge erst vor kurzem erzielt worden.

Abb. 17. Torfbagger Bauart Dr. Wieland.

Wir nennen zuerst die Torfbaggermaschine des Dr. Wieland, Direktor der Torfkoks-G. m. b. H. zu Elisabethfehn in Oldenburg.

Der Bagger nimmt den Torf aus allen Schichten, baggert ihn stetig hoch, zerreißt und mischt ihn in der Torfmaschine, formt ihn zu Soden und legt diese selbsttätig ab. Die Abbildungen 16 und 17[1]) zeigen die Maschine. Sie wird von dem Eisenwerk Varel G. m. b. H. zu Varel in Oldenburg gebaut. Der Antrieb erfolgt durch einen 20 PS_{eff} Benzolmotor oder Elektromotor, der gleichzeitig für Lokomotivbetrieb Anwendung findet. Der Baggerbalken kann zwischen 70, 60 und 45° beliebig schräg gestellt werden, um bei nassem Moor das Rutschen der Wand zu verhindern. Das Abbunken der obersten Schicht geschieht mittels eines pflugartigen Körpers, der mit Sägeblättern besetzt ist, um das Moor besser schneiden zu können. Er kann entweder vor oder hinter der Maschine eingebaut werden.

Die Soden haben eine fünfeckige Form, die durch Gebrauchsmuster ge-

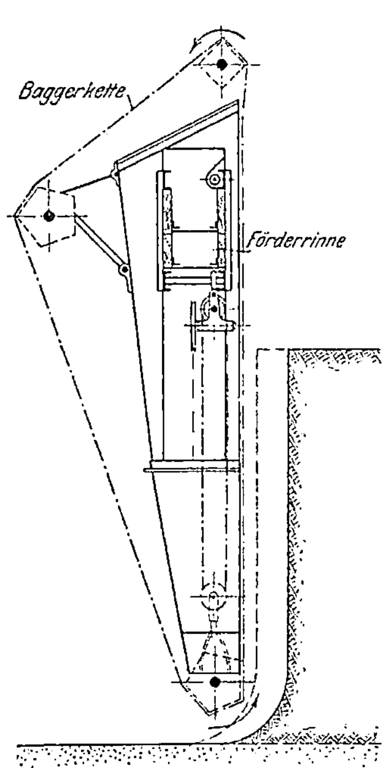

Abb. 18. Torfbagger Bauart Strenge (Bagger).

---

[1]) Nach Aufnahmen des Erfinders.

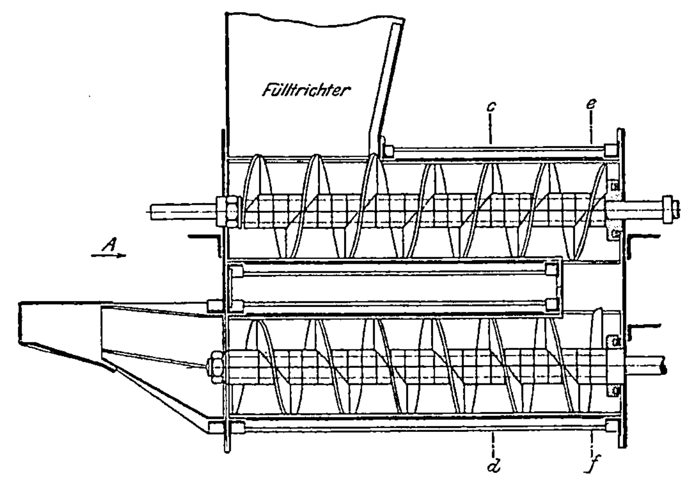

Abb. 19.

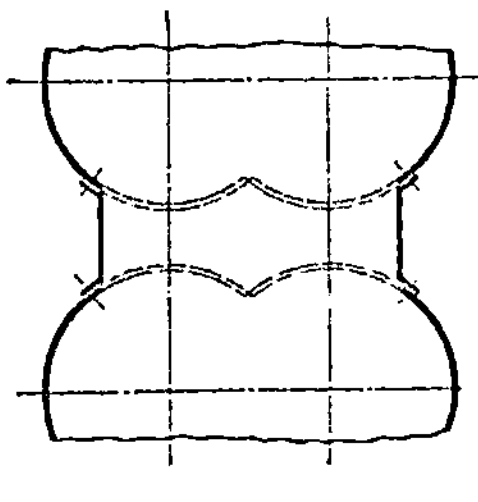

Abb. 20.

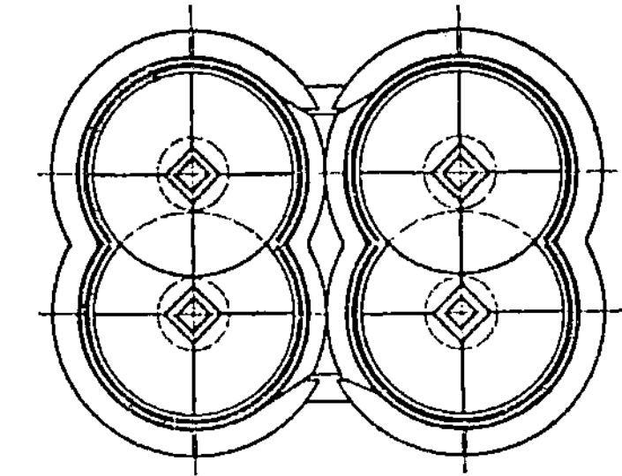

Abb. 21.

Abb. 19—22. Zerreiß- und Mischwerk.

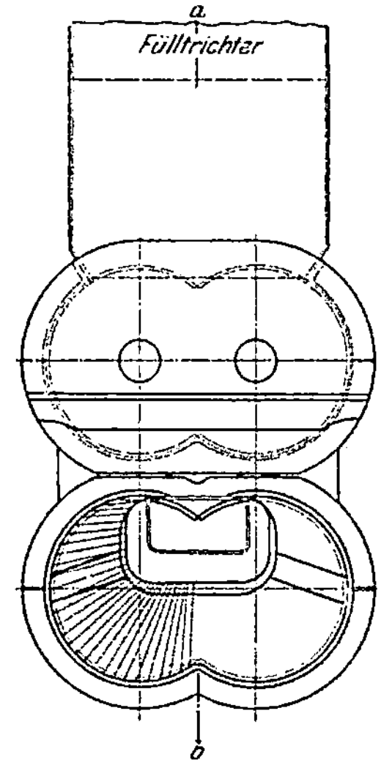

Abb. 22.

schützt ist. Diese Form soll den Vorteil haben, daß beim Zusammensetzen der Soden die unteren mit einer scharfen Kante nach oben liegen, so daß die folgenden Schichten mit viel geringerer Fläche auf ihnen aufliegen und infolgedessen schneller trocknen, da etwaiger Regen von der dachförmigen Oberfläche sofort abläuft. Die Bedienung der Maschine mit selbsttätigem Sodenableger soll durch 2 bis 3 Mann geschehen können. Die Förderleistung beträgt ca. 30 bis 40 m³ Rohtorf in der Stunde, entsprechend 5 bis 6 t Trockentorf. Die Maschine kostet ohne Motor 12 bis 14 000 M.

Eine Maschine größerer Leistung stellt die Maschine von Strenge (Abb. 18—38) in Ocholt, Oldenburg, dar. Zum erstenmal ist über diesem Torfbagger von Paulmann und Blaum[1]) berichtet worden. Wir ergänzen den Aufsatz durch weitere Ab-

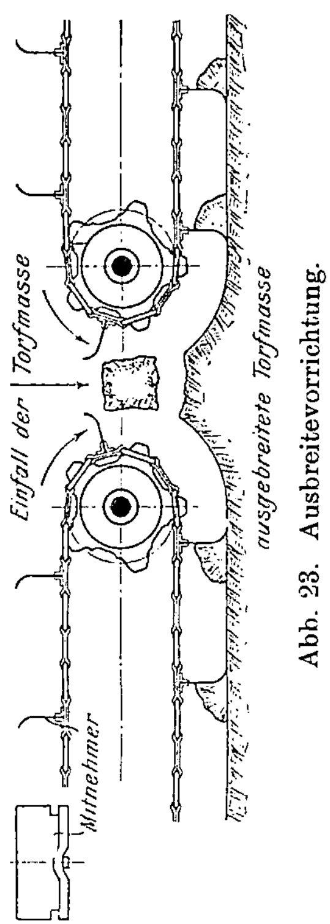

Abb. 23. Ausbreitevorrichtung.

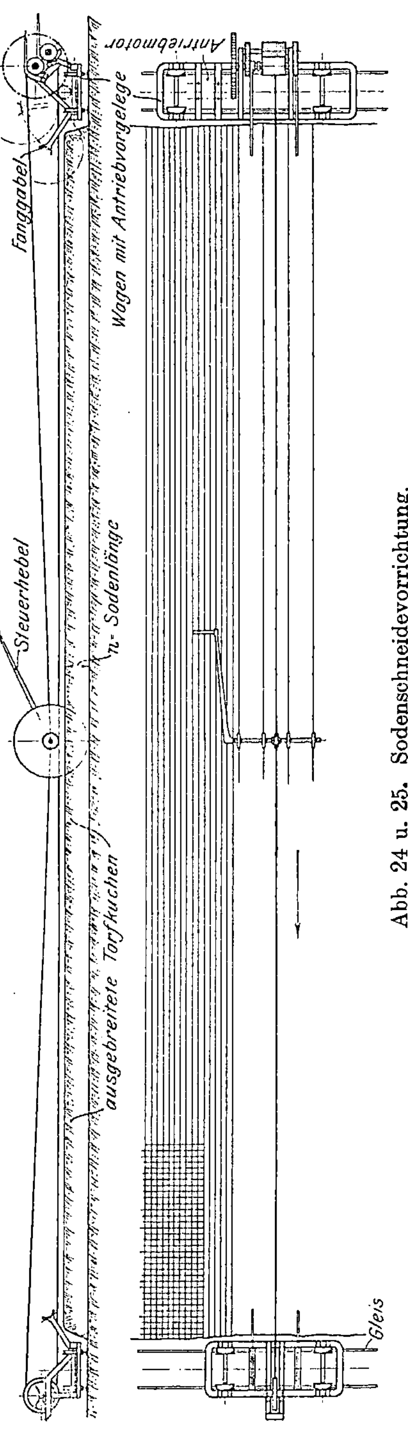

Abb. 24 u. 25. Sodenschneidevorrichtung.

bildungen über den neuen automatischen Sodenableger.

Der Bagger ist an einem Ausleger aufgehängt und gräbt das Moor senkrecht ab bis zu einer Tiefe von 4 m. Das Baggergut wird in einen Schütttrichter geworfen, aus dem es in eine

[1]) Z. 11, S. 979 u. ff.

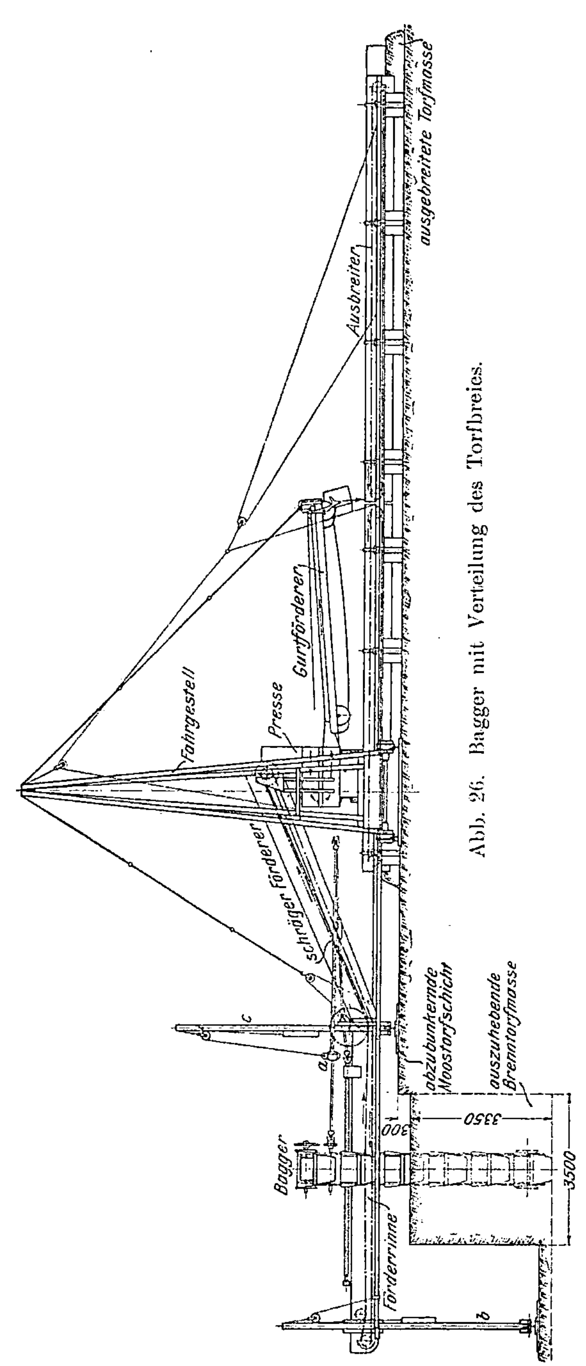

Abb. 26. Bagger mit Verteilung des Torfbreies.

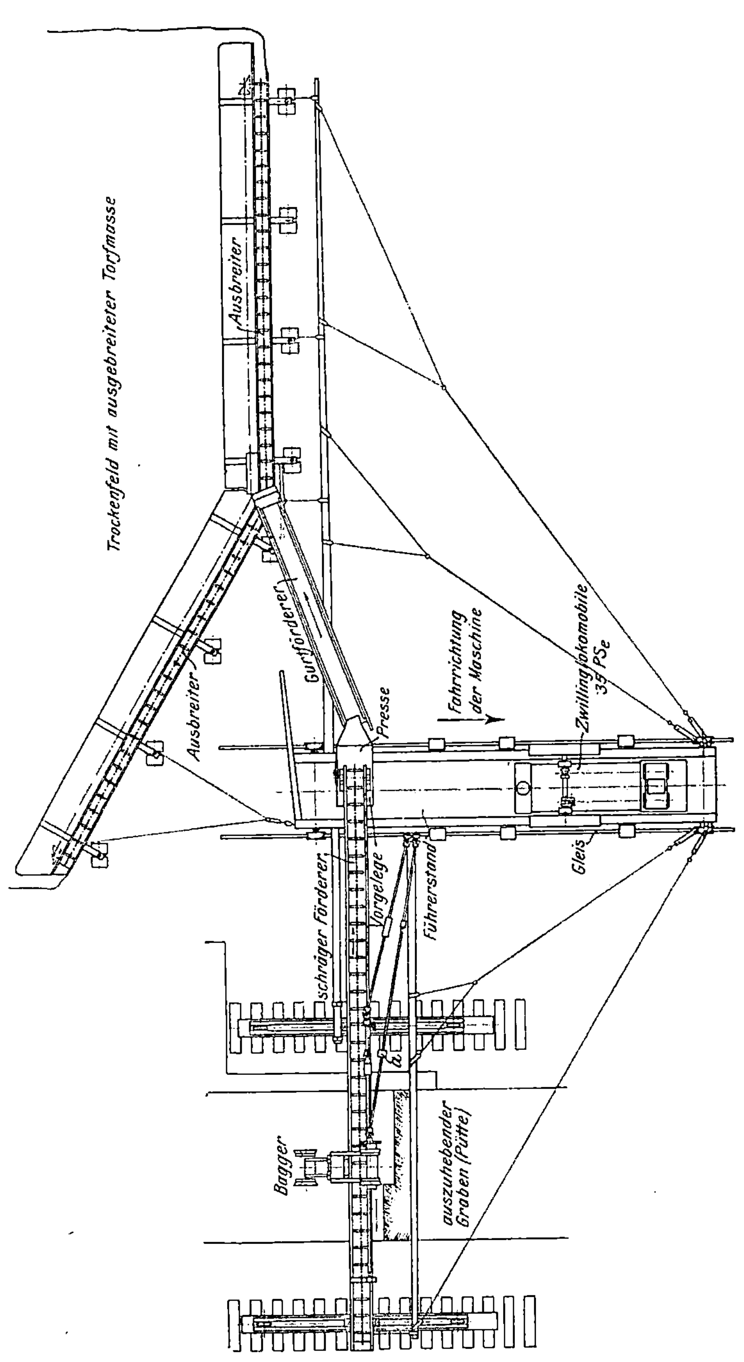

Abb. 27. Bagger mit Verteilung des Torfbreies.

Abb. 28. Torfbagger Bauart Strenge.

Abb. 29. Bagger mit Verteilung des Torfbreies.

Förderrinne stürzt, die es nach dem Einwurfstrichter der Sodenpresse befördert. Der
Bagger selbst kann an dem Ausleger 3 bis
4 m weit hin und her bewegt werden, so daß
er die Torfmasse in einer Arbeitsbreite von
4 m entfernt. Der in der Presse fein zer-
mahlene und durchgerührte Torf, der durch
den Bagger aus allen Schichten des Moores
gleichmäßig entnommen wird, wird nun entweder durch eine Verteilrinne als Brei über
das Trockenfeld ausgebreitet und nach dem
Trocknen durch eine Sodenschneidemaschine
in Soden zerteilt, oder aber die Torfmasse
wird sofort in der Presse zu Soden gepreßt
und durch ein Förderband abgeworfen. Die
letztere Anordnung ist die zweckmäßigere,
weil es nicht möglich ist, den Torf vollständig gleichmäßig über das Trockenfeld zu
verteilen, und andererseits das Aufnehmen
der Soden nach dem Schneiden einigermaßen Schwierigkeiten bereitet. Ferner
trocknet der Torf, falls er als Brei über das
Feld zerteilt wird, nicht so schnell als wenn
fertig gepreßte Soden abgelegt werden, die
mit Zwischenräumen auf dem Felde liegen,
so daß die Luft bequem zu den Soden
treten kann.

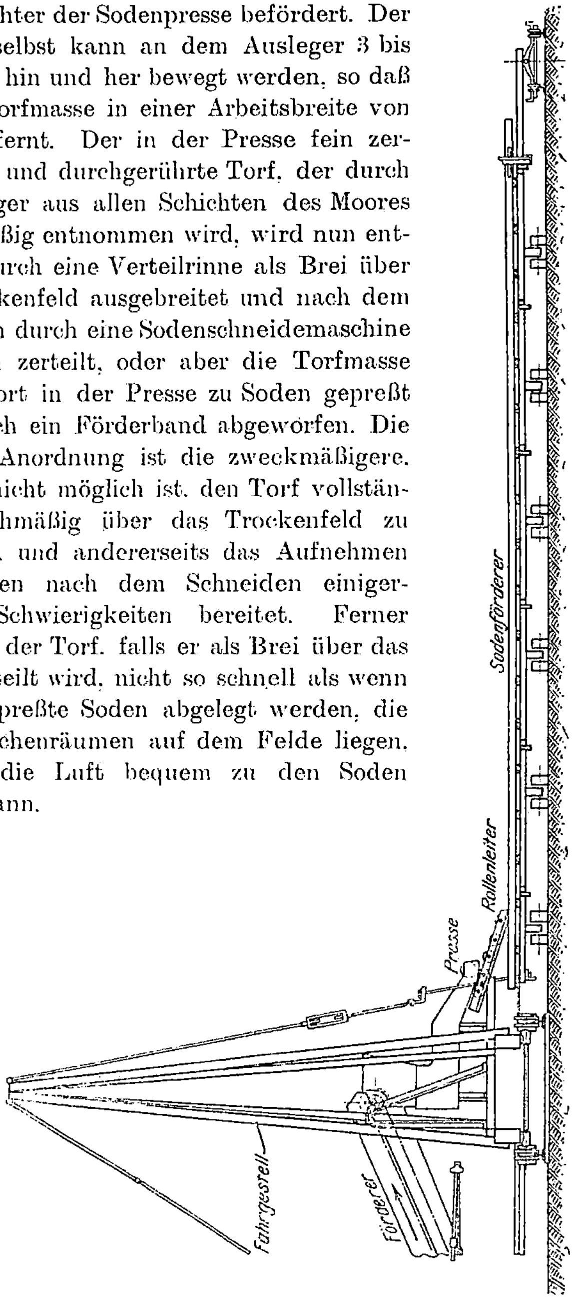

Sodenförderer
Rollenleiter
Presse
Fahrgestell
Förderer

Abb. 30. Torfbagger mit Sodenförderer.

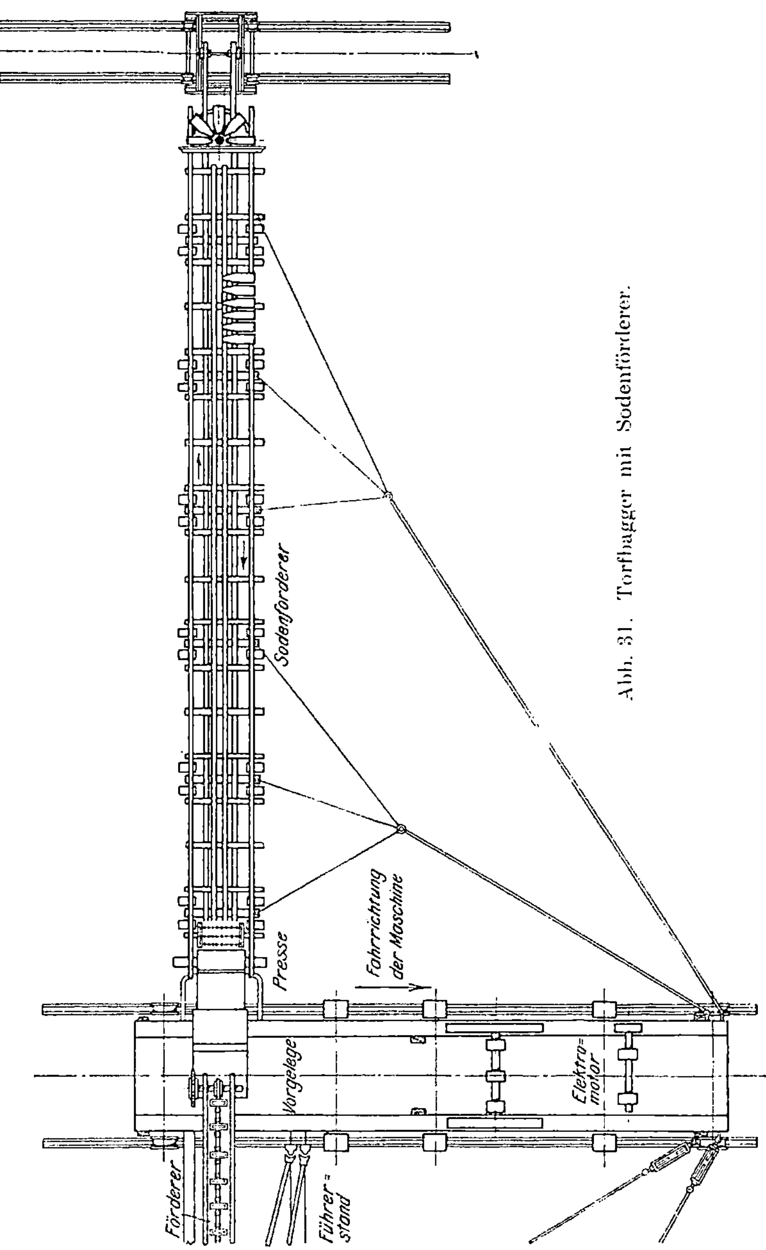

Abb. 31. Torfbagger mit Sodenförderer.

Die Maschine eignet sich sowohl zum Antrieb mittels Lokomobile als auch Elektromotor, natürlich wird der letztere Antrieb vorzuziehen sein, da die Gewichte dadurch bedeutend vermindert werden. Die Standsicherheit der Maschine ist dadurch gewährleistet, daß die größten Gewichte, wie Presse und Triebwerk, ca. 7 m von der Pütte entfernt

Abb. 32. Sodentransportvorrichtung.

stehen; eine Gefährdung der Böschung ist dadurch ausgeschlossen. Die Maschine kann sowohl auf dem Moore arbeiten, als auch auf dem abgetorften Teil des Moores aufgestellt werden. Die Maschine dürfte mit dem Gewicht an der Grenze sein, das man der Torffläche, selbst wenn sie gut entwässert ist, zumuten kann, ohne daß die Maschine versinkt bzw. ein Abrutschen der Böschungen eintritt. Einen Abbauplan für eine Torfbaggermaschine zeigen die Abbildungen 36 bis 38.

Es sind die zunächst mit *w* bezeichneten Entwässerungsgräben von einer Seite, der Vorflut entsprechend, in das Moor einzugraben. Die Maschine wird dann beim Punkte *E* angesetzt und läuft an den Gräben entlang, entsprechend der mit *l* bezeichneten Linien. Es wird nun durch die Maschine ein 4 m breiter und 3 bis 4 m langer Streifen (Pütte) senkrecht ausgeschnitten und der gewonnene Torf von der Maschine auf einem etwa 30 m langen Streifen neben der Pütte

Abb. 33. Automatische Sodenabwurfsvorrichtung.

abgelegt. Ist das Moor tiefer als 4 m, so wird es in mehreren Schnitten entfernt. Die Torfmaschine fährt dann beim Abheben der tieferen Schicht auf der durch den ersten Schnitt freigelegten Fläche.

In den nächsten Jahren wird ein entsprechend weiterer Schnitt ausgeführt, bis die Fläche vollständig abgetorft ist. Einen zweimaligen Schnitt im Jahre vorzunehmen, wird sich nur für die wenigsten Jahre lohnen, da der Torf des zweiten Schnittes sehr schwer lufttrocken eingebracht wird.

Die Lage der Pütten zu dem Hauptentwässerungsgraben und die

Entfernung derselben ist durch die Arbeitslänge von zwei Maschinen nebeneinander bedingt, sie beträgt ca. 70 m. Falls es nicht mehr möglich ist, den Torf auf dem Moor auszubreiten, wird die Maschine

Abb. 34. Automatische Sodenabwurfsvorrichtung.

auf dem abgetorften Teil aufgestellt und das Abladen der Soden erfolgt gleichfalls dort. Die Leistung der Maschine beträgt 80 m³ Torfmasse in der Stunde. Die erforderliche Motorleistung für elektrischen Antrieb beträgt 60 PS.

Für die Rentabilität einer Torfgewinnungsanlage ist die Anzahl

der beschäftigten Personen durchaus ausschlaggebend. Für einen
Strenge-Torfbagger mit elektrischem Antrieb und selbsttätigem Sodenableger sind erforderlich: 1 Maschinist, 2 Arbeiter zum Abheben der
Bunkerde, 2 Gleisleger, und 1 bis 2 Mann an dem Sodenableger.
Der Preis der Maschine mit Motor und Zubehör beträgt ca. M. 30000,
die Kosten der Leitung ca. M. 10000. Die Leistung der Maschine
beträgt pro Stunde 80 m³ Rohmasse, entsprechend 64000 m³ in
80 Arbeitstagen zu 10 Stunden bzw. in einer Kampagne 9600 t luft-

Abb. 35. Trockenfeld mit abgeworfenen Soden.

trockner Torf, unter der Annahme, daß 1 m³ Rohmasse 150 kg lufttrockenen Torf gibt.

Rechnet man für Verzinsung 5 % . . . . M.   2 000
Abschreibung 10 % . . . .   „   4 000
Unterhaltung 5 % . . . .   „   2 000
560 Arbeitertage à M. 3,0 . . . .   „   1 680
20 000 KW-Stunden à 15 Pf. . . . . . .   „   3 000
Sonstiges . . . .   „   1 320
                                         ____
                                         M. 14 000

entsprechend M. 1,5 pro t Torf in Soden auf dem Trockenfelde.

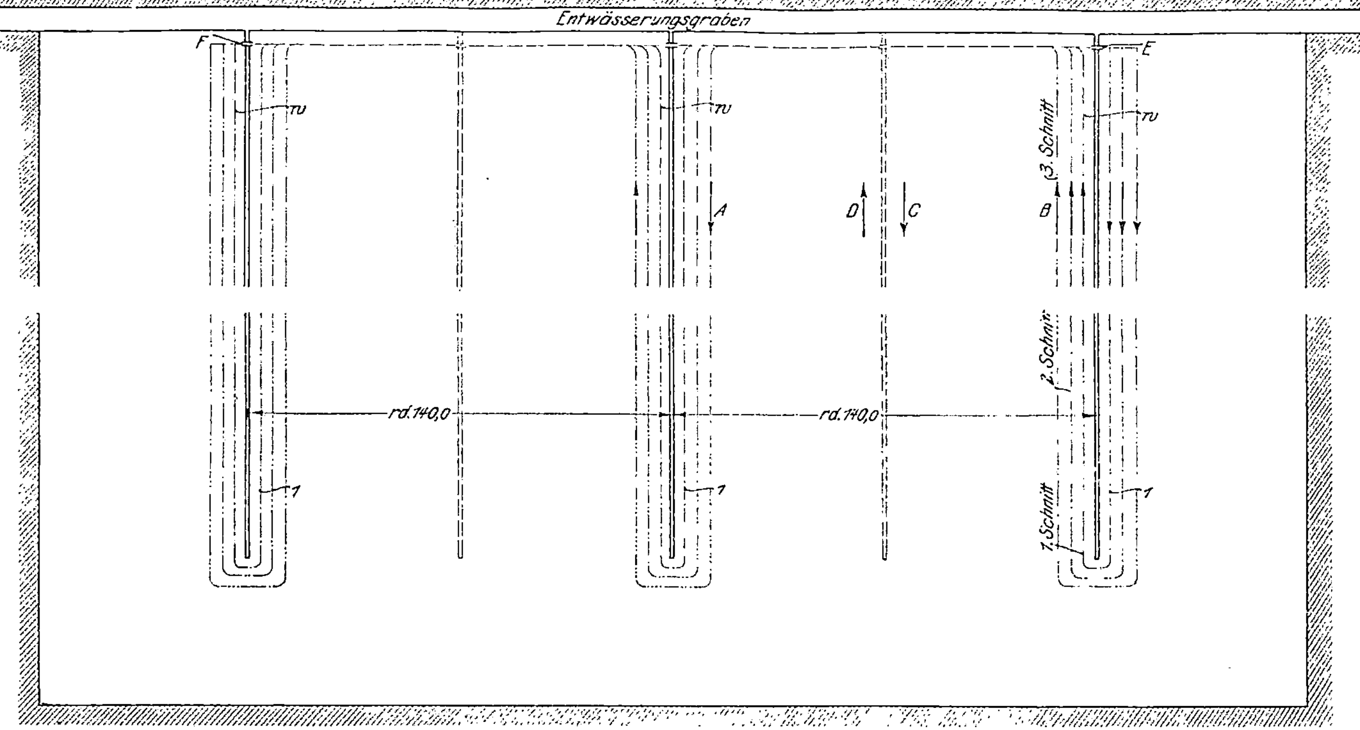

Abb. 36. Abbauplan für ein Torfwerk.

Das Aufsetzen[1]) pro t kostet bei einmaligem Aufsetzen M. 0,3, bei zweimaligem Aufsetzen M. 0,48.

Bei einmaligem Aufsetzen des Torfes kostet nach den vorliegenden Daten die t M. 1,8. bei zweimaligem M. 2,0. Hierzu kommen die Kosten für den Rohtorf, den Transport und die allgemeinen Unkosten.

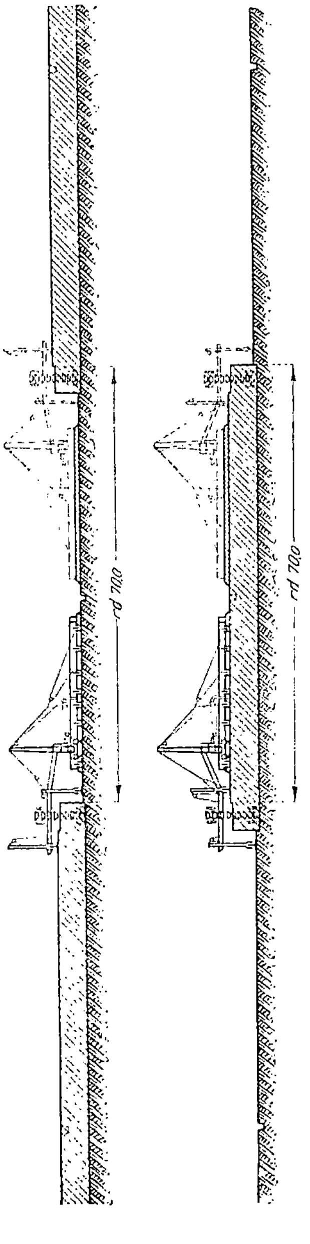

Diese Maschine eignet sich ebenso wie die Maschine von Dr. Wieland durchaus für kleinere und mittlere Betriebe. Außerdem darf nicht vergessen werden, daß eine weitere konstruktive Durcharbeitung der Maschine diese noch bedeutend verbessern kann. Neuerdings ist von Ekelund[2]) für die A.-G. Torf, mit der Fabrik in Bäck in Schweden, ein Torfbagger konstruiert worden (Abbildungen 39 bis 41). Das Gewicht beträgt ca. 18 bis 20 t, die Leistung 40 m^3 in der Stunde. Der Motor hat eine Leistung von 75 PS. Als Bedienung sind 8 Mann und 2 Jungen erforderlich. Die konstruktive Durchbildung ist gut, jedoch hat der Bagger denselben Nachteil wie die vorher beschriebenen, daß er nur in vollständig holzfreiem Torf arbeiten kann. Diese Einschränkung hat die Torfversorgung der Zentrale des Schwegermoors im vorigen Jahre teilweise lahmgelegt.

In Rußland sind allerdings von einem Torfwerk mit einfachen Pressen mit Elevator und Handstichbetrieb bis 200 000 t lufttrocknen Torfes pro Jahr erzeugt worden. Dazu ist natürlich ein Heer von Arbeitern (ca. 2000 Mann) erforderlich, die bei den dortigen Arbeiterverhältnissen jederzeit zur Verfügung stehen. Bei unseren Arbeiterverhältnissen, es kämen

Abb. 37 u. 38. Abbauplan für ein Torfwerk.

---

[1]) Siegner, S. 67.
[2]) M. 12, S. 6—10, von Feilitzen.

für diese Arbeiten nur ausländische Saisonarbeiter in Frage, da unsere Landwirtschaft selbst Arbeiter aus diesen nehmen muß, ist die Beschaffung derartiger Arbeitermengen sehr schwierig, andererseits würden die

Abb. 39. Torfbagger Bauart Ekelund.

Abb. 40. Torfbagger Bauart Ekelund.

Löhne derart hoch steigen, daß wir bei einem derartigen Torfgroßbetriebe nie rentabel wirtschaften können. Das Ausbleiben der Arbeiter

Anmerkung. Leider war es nicht möglich, für die Abbildungen 39—41 Originalaufnahmen zu erhalten.

oder Kontraktbruch während der Sticharbeiten würde den Betrieb
des Kraftwerkes sofort in Frage stellen. Für einen Kraftwerksbetrieb
ist es außerdem nicht angebracht, nur so viel Torf pro Jahr zu erzeugen, als für das nächste Betriebsjahr erforderlich ist, sondern die
Arbeit muß so disponiert werden, daß immer ein größerer Vorrat
auf der Halde verbleibt.

Abb. 41. Torfbagger Bauart Ekelund.

Es ist auch versucht worden, den Greifbagger für die Torfgewinnung nutzbar zu machen, jedoch dürfte der Greifbagger sich
dazu nicht eignen, weil er gleichfalls, wie es bei der Krümeltorf- bzw.
Stichtorfgewinnung geschieht, den Torf nur aus einer Schicht des
Torflagers entnimmt, ein Vermischen der Torfmasse aus allen Schichten
daher nicht erfolgt.

Eine kleinere Anlage, die des Rittergutsbesitzers Fleiß, Schel-
ecken, Kreis Labiau, fördert den Torf des Niederungsmoores durch
einen Greifbagger, der auf einem Prahm montiert ist.

Für Großbetriebe wird der Löffelbagger entschieden in immer steigendem Maße Verwendung finden, weil er die Mischwirkung des Eimerkettenbaggers mit der Möglichkeit verbindet, in allen Torflagern, selbst in denen, die große Stubben enthalten, arbeiten zu können.

Von verschiedenen Seiten ist auch vorgeschlagen worden, die großen Spülbagger, wie sie die Hafenbauverwaltungen zur Herstellung von Schiffahrtsrinnen benutzen, für die maschinelle Torfgewinnung im großen anzuwenden. Gercke[1]) und neuerdings Rechtsanwalt Born, Lankwitz[2]), brechen für diese Gewinnungsart eine Lanze. Gercke will den Torf unter Wasser gewinnen und die Torfmasse durch offene Spülkanäle nach den Absatzbehältern befördern.

Das Moor soll mit ein oder zwei Spülkanälen von 1 m Breite uud 4 m Tiefe versehen werden. In die Kanäle münden Spülgräben. in die der Spülbagger ausgießt. Das Gefälle der Gräben nimmt er mit 1:1000 an, woraus sich eine Geschwindigkeit von 0,375 m/Sekunden ergibt. Der in der Torfmasse enthaltene Sand würde, entsprechend dem Challetonschen Schlämmverfahren, sich in den Gräben niederschlagen. Aus den Spülgräben soll der Torf in große Absatzbehälter geleitet werden, wo der Torf sich zu Boden schlägt und das an der Oberfläche befindliche klare Wasser durch Schützen abgelassen werden kann. Die Entwässerung des Schlammes, der $92,5\,^0/_0$ Wasser enthält, soll in Pressen geschehen. Der Preßkuchen verläßt diese mit einem Wassergehalt von ca. 30 bis $35\,^0/_0$, wird durch künstliche Wärme getrocknet und dann nach dem Verfahren, wie es für Braunkohlenbriketts Anwendung findet, brikettiert.

Die Torfmasse müßte, um sie aus dem Moor loszulösen und transportieren zu können, mit viel Wasser versetzt werden, mindestens $100\,^0/_0$, so daß bei einigermaßen großem Verbrauch an Torf bei einer Höhe des mit Wasser gemischten Torfes von 50 cm die Erbauung ungeheurer Absetzbassins erforderlich werden würde, die die Rentabilität der Anlage von vornherein in Frage stellen müßte. Der Vorschlag von Gercke, die Spülkanäle in Erde auszuführen, ist nicht angängig, es müßten geschlossene schmiedeeiserne Rohre angewendet werden. Die Anlage- und Unterhaltungskosten würden aber ganz beträchtliche werden. man muß mit einer Länge der Hauptleitung von mindestens 2 km rechnen. Die Schlämmwirkung könnte in diesen Rohren nicht eintreten. Andererseits würden sich die Erdkanäle ständig zusetzen.

---

[1]) Z. 05, S. 687.
[2]) M. 11, S. 451.

Lufttrocknung und Transport.

Im ganzen Gebiet des Deutschen Reiches ist es möglich, Torf an der Luft bis unter 50 % Wassergehalt zu trocknen. Mit dem Ausheben des Torfes muß im Frühjahre begonnen werden, sobald der Frost aus der Erde ist und stärkere Nachtfröste nicht mehr zu befürchten sind. Ende Juni, spätestens Anfang Juli, müssen die Torfbaggermaschinen jedoch außer Betrieb gesetzt werden. Für den Osten des Reiches wird man in den ungünstigsten Jahren mit maximal acht Wochen rechnen können.

Wie schon früher erwähnt, ist eine gut durchgebildete Entwässerung des Moores jedoch durchaus erforderlich.

Selbstverständlich ist die weitere Trocknung des Torfes sehr von der Witterung abhängig, es kann jedoch in günstigsten Jahren ein Torf bis zu 20 % Wassergehalt erhalten werden. Was die Größe der Trockenflächen anbelangt, so richtet sie sich nach der Art, wie die Soden abgelegt werden. Sie können entweder auf ihre größte Fläche gelegt bzw. können sie hochkant, und zwar auf ihre kleinste Fläche, wie es hauptsächlich in Oldenburg geschieht, gestellt werden. Die Größe der erforderlichen Trockenfläche ergibt sich hieraus mit den erforderlichen Zwischenräumen für Stichtorf

$$\text{zu} \quad 12{-}14 \quad \text{a pro} \quad 100 \ \text{m}^3 \ \text{Torfmasse}$$
$$\text{,,} \quad 3{-}3{,}5 \quad \text{,,} \quad \text{,,} \quad 100 \quad \text{,,} \qquad \text{,,}$$
$$\text{,,} \quad 5{-}7{,}0 \quad \text{,,} \quad \text{,,} \quad 10 \quad \text{t} \quad \text{Trockentorf}$$
$$\text{,,} \quad 1{,}25{-}1{,}75 \quad \text{,,} \quad \text{,,} \quad 10 \quad \text{,,} \qquad \text{,,}$$

für Maschinentorf mit einer Verdichtungswirkung von 1 : 1,5

$$\text{zu} \quad 8{-}9{,}5 \quad \text{a pro} \quad 100 \ \text{m}^3 \ \text{Torfmasse}$$
$$\text{,,} \quad 2{-}2{,}3 \quad \text{,,} \quad \text{,,} \quad 100 \quad \text{,,} \qquad \text{,,}$$
$$\text{,,} \quad 5{,}3{-}6{,}4 \quad \text{,,} \quad \text{,,} \quad 10 \quad \text{t} \quad \text{Trockentorf}$$
$$\text{,,} \quad 1{,}3{-}1{,}5 \quad \text{,,} \quad \text{,,} \quad 10 \quad \text{,,} \qquad \text{,,}$$

Bei einem größeren Betriebe macht diese Fläche so viel aus, daß es nicht möglich ist, die Lufttrocknung zu zentralisieren und die Maschinenanlage feststehend einzurichten. Für kleinere Torfanlagen findet das Aufstocken (Handbuch, S. 54) bzw. das Trocknen auf Torfreitern (Handbuch, S. 59) oder in Torfhütten Anwendung.

Es ist auch verschiedentlich versucht worden, das Trocknen unter Dach im Großen vorzunehmen, jedoch ist ohne weiteres aus vorheriger Zahlenangabe ersichtlich, daß die Trockenschuppen bei einigermaßen großem Betriebe derartige Dimensionen annehmen, daß sie rentabel nicht betrieben werden können. Die Beschickung der verschiedenen Etagen dieser Trockenscheunen, die in ähnlicher Aus-

führung wie die Ziegelscheunen errichtet werden müßten, hätte durch
Aufzüge zu erfolgen, so daß auch eine einigermaßen teure maschinelle Anlage für dieselben erforderlich wird. Das Ablegen der Torfsoden in die einzelnen Fächer würde sich ziemlich umständlich gestalten. Diese Unannehmlichkeit hat die Entstehung des Eichhorn schen Kugeltorfes in die Wege geleitet. Die Kugeln waren
verhältnismäßig leicht in die einzelnen Fächer zu befördern.

Abb. 42. Torfhaufen im Moor.

Wenn die Soden 8 bis 14 Tage auf dem Trockenfelde gelegen
haben, werden sie zu Haufen zusammengesetzt (aufgestapelt) (Abb. 42)
und diese Haufen meistens noch einmal derart umgestapelt, daß
die dem Erdboden zunächst gelegenen Soden auf die Spitze der
Haufen zu liegen kommen. Der durchstreichende Wind trocknet
diesen so aufgestapelten Torf bis auf 20 bis 25 $^0/_0$ Wassergehalt.
Man rechnet für das einmalige Aufstapeln der Soden pro Tonne
Trockentorf ca. 0,3 M., für das zweimalige 0,48 M. Diese Arbeit
wird hauptsächlich durch Arbeiterinnen ausgeführt. Ist der Torf
genügend getrocknet, so wird er auf dem Moor in Haufen gesetzt

Abb. 43. Torfhaufen im Moor (Torfwerk Strenge, Ocholt i. Old.).

Abb. 44. Kratzer zum Häufeln von Torf.

oder in besondere Lagerschuppen gebracht. Guter Maschinentorf unter Dach gebracht trocknet bis auf $10\,^0/_0$ Feuchtigkeit ein und seine Wasseraufnahme bei Regen oder Nebel ist gleich Null zu veranschlagen. Das Lagern des lufttrockenen Torfes in großen Scheunen ist bei der Überlandzentrale im Wiesmoor versucht worden, jedoch

Abb. 45. Torftransportwagen. (Maschinenfabrik Dolberg.)

ist es ohne weiteres möglich, gut getrockneten Torf auch im Freien zu überwintern. Es ist hierzu nur erforderlich, den Torf in größeren Haufen (Abb. 43) zusammenzusetzen und die oberste Schicht durch Stroh usw. abzudecken. Meistens genügt es sogar, von einer Ab-

Abb. 46. Torftransportwagen. (Maschinenfabrik Dolberg.)

deckung ganz abzusehen und den Torf in losen Haufen zu schütten (Abb. 44), da die oberste Torfschicht die Feuchtigkeit von dem Haufen fern hält. Sollte diese Schicht so viel Feuchtigkeit angesaugt haben, daß sie zur Brenntorfgewinnung keine Verwendung mehr finden kann, so wird sie abgenommen und zur Nachtrocknung in Haufen gesetzt.

Für das Einmieten[1]) des lufttrockenen Torfes im Moor kann man im Durchschnitt 1 M. pro Tonne Trockentorf rechnen.

Der Abtransport des Torfes vom Moor zur Verwendungsstelle geschieht durch Kippwagen oder Wagen mit beweglichen Seitenklappen für bequeme Entleerung (Abb. 45 und 46). Die Wagen werden zu Zügen zusammengesetzt und durch Benzol- oder elektrische Lokomotiven gezogen.

c) Künstliche Trocknung und Veredelung.

Die künstliche Trocknung des Torfes bzw. seine Veredelung ist schon sehr frühzeitig versucht worden, vor allem die künstliche Entwässerung durch Pressen.

Die praktische Ausführung ist bis jetzt daran gescheitert, daß die Torfmasse sich in der Presse wie Wasser verhält, d. h. dem Preßvorgang einen unendlich großen Widerstand entgegensetzt. Die aus Leinwand hergestellten Preßbeutel sind immer geplatzt. Das Pressen in Filtern mit Drahtgeflechteinlage ist daran gescheitert, daß der Preßkuchen in der Nähe des Preßtuches eine harte Kruste erhielt, die das Durchdringen des Wassers verhindert. Nach Mitteilungen von Dr. Fritz Heber in Berlin[2]) hat Ziegler eine Filterzelle konstruiert, die sich konisch nach unten verjüngt und durch die der Torf durch Pumpendruck in einer dünnen Lage von maximal 80 mm durchgedrückt wird. Ziegler will den Wassergehalt von $90\,^0/_0$ auf $70\,^0/_0$ erniedrigen, eine Versuchsanlage ist in Varel in Oldenburg aufgestellt.

Francke hat neuerdings eine Vorrichtung konstruiert, um die Außenflächen der Preßkuchen, die sich immer wieder verstopfen, aufzureißen. Als Filtermaterial will er Drahtnetze benutzen, die hintereinander so angeordnet sind, daß die Maschenöffnungen des einen Netzes durch Drahtteilchen des nächsten Netzes gedeckt sind, so daß das Wasser wie bei einem Gradierwerk herabträufeln kann. Ohne besondere Kraftäußerung will er eine Entwässerung auf 35 bis $40\,^0/_0$ erzielen und bei einem Zusatz von Koksgrus oder einem anderen feinen Material die Entwässerung sogar bis auf $15\,^0/_0$ treiben.

Eine Versuchsanlage soll in nächster Zeit bei Berlin errichtet werden, jedoch sind wir der Ansicht, daß auch diese Anlage, wie alle die früheren Versuche, einen Erfolg nicht bringen wird, und daß das darauf verwandte Geld ebenso verloren ist, wie bei Versuchen ähnlicher Art.

---

[1]) Siegner, S. 67.
[2]) M. 11, S. 351/54.

N. A. Alexanderson[1]) in Stockholm ist ein D. R. P. Nr. 217118 vom 30. April 1907 ab erteilt worden auf ein Verfahren zur Entwässerung von Rohtorf. Das neue Verfahren soll durch Frieren und Auftauen den Torf entwässerungs- und preßfähig machen. Bereits beim Auftauen wird der Gehalt an Trockensubstanz des Rohtorfes vermehrt, teils durch Abfließen des Wassers, teils durch Verdampfen, was durch zweckmäßige Mittel unterstützt werden kann. Nach Ansicht des Patentnehmers ist die Veränderung des Rohtorfes durch das Gefrieren derart, daß durch Pressen sich so viel Wasser aus demselben entfernen läßt, daß das Austreiben des zurückbleibenden Wassers sich sogar durch künstliche Heizung lohnen wird. Durch die Art des Betriebes kann sich die Gewinnung des Torfes auf das ganze Jahr erstrecken, das Wasser, das nach dem Pressen zurückbleibt, verdampft sehr leicht, besonders wenn die gepreßte Masse zerteilt wird.

Auch dieses Verfahren dürfte sich nicht eignen, die Anlagekosten und der Betrieb sind viel zu teuer. Wir werden eine ähnliche Anlage bei der elektrischen Aufschließung kennen lernen.

Nach dem Naßpreßverfahren ist wohl die Entfernung des Wassers aus dem Torf durch Wärme am häufigsten angewandt worden. Bevor wir auf die einzelnen Methoden eingehen, wollen wir ganz allgemein die Grenzen der Entwässerung feststellen, die durch Wärme erzielt werden kann.

Direktor Schlauf und Prof. Herbst[2]) geben uns eine Aufstellung von Formeln für die Berechnung des Kohlenverbrauchs bei der Braunkohlenbrikettfabrikation. Legt man diese Formeln zugrunde und nimmt man an, daß zur Verdampfung von 1 kg Wasser 600 WE erforderlich sind, so ergeben sich die Kurven der Abb. 47, die den Brennstoffverbrauch angeben, um die Torfmasse von 1 t auf den gewünschten Feuchtigkeitsgehalt zu bringen. Die Kurven geben die erforderliche Brennstoffmenge in Trockensubstanz und Torf von 20—35—50 $^0/_0$ Feuchtigkeitsgehalt, um Trockensubstanz und Torf von 20—35—50 $^0/_0$ Feuchtigkeitsgehalt zu erzielen.

Der Wirkungsgrad der Heizanlage ist mit 70 $^0/_0$ in Rechnung gestellt. Die Heizwerte sind mit 4500—3480—2715—1950 WE für Trockensubstanz bis Torf mit 50 $^0/_0$ Wasser eingesetzt. Man sieht aus diesen Kurven, wie töricht es wäre, Torf mit 90 $^0/_0$ Wasser durch Wärme zu entwässern und kann sich ohne weiteres ein Bild über die Rentabilität derartiger Anlagen machen. Trotzdem werden immer wieder Versuche gemacht, neue Verfahren zu „finden".

Den nassen Torf durch Wärme für die Verbrennung geeignet zu machen, hat Gercke in seinem Torfdampfkessel[3]) versucht, der

---

1) M. 10, S. 107.
2) Braunkohle 11, S. 209—214 und S. 472/73.
3) Z. 05, S. 888/89.

für die Überlandzentrale Voßbarg von der Maschinenfabrik Nürnberg-Augsburg ausgeführt ist (Abb. 48).

Der Arbeitsvorgang des Kessels ist dadurch gekennzeichnet, daß der Wassergehalt des abgepreßten Torfes nicht in der Feuerung nutzlos in atmosphärischen Wasserdampf, sondern vor der Verbrennung in hochgespannten Dampf verwandelt werden soll.

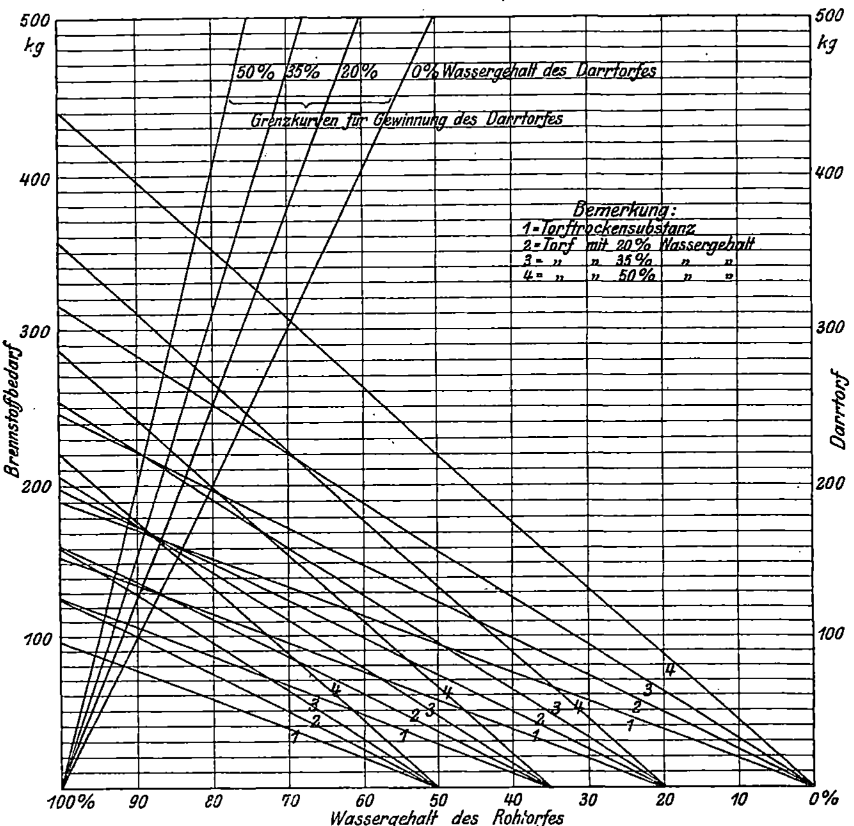

Abb. 47. Brennstoffmenge und Ausbeute bei Herstellung von Darrtorf.

Der nasse Schlamm tritt mit 78 bis 80 °/₀ Wassergehalt aus der Schlammspeisepumpe in den Vorwärmer des Trockenkessels und aus diesem in den Trockenkessel selbst. In diesem dreht sich eine Förderschnecke, die den vorgewärmten Torf langsam durch den Kessel schiebt, bis er durch ein Fallrohr in ein Rückleitrohr stürzt. Im Trockenkessel und im Rückleitrohr wird der Torf getrocknet, indem der Wassergehalt durch Heizung mit überhitztem Dampf in Dampf von der Spannung des Heizdampfes, 10 Atm., überführt wird. Zu diesem Zwecke wird der ganze Dampfinhalt von Trockenkessel,

Rückleitrohr und Vorwärmer mittels eines Dampfstrahlgebläses durch den Überhitzer getrieben. Von dort strömt der überhitzte Dampf in das Rückleitrohr und durch das Füllrohr in den Trockenkessel und gibt hier seine Überhitzungswärme an das Wasser des Torfes ab. In dem Rückleitrohr dreht sich eine Förderschnecke, die den Torf einer Entleervorrichtung zuführt. Aus dieser tritt der getrocknete Dampf in Gestalt von Briketts aus. Die Briketts werden zum Heizen des Kessels auf dem Treppenrost der Feuerung verbrannt. Das Dampfstrahlgebläse wird mit Dampf von 15 bis 16 Atm. betrieben, der im Wasserrohrkessel erzeugt wird. Eine Heißwasser-

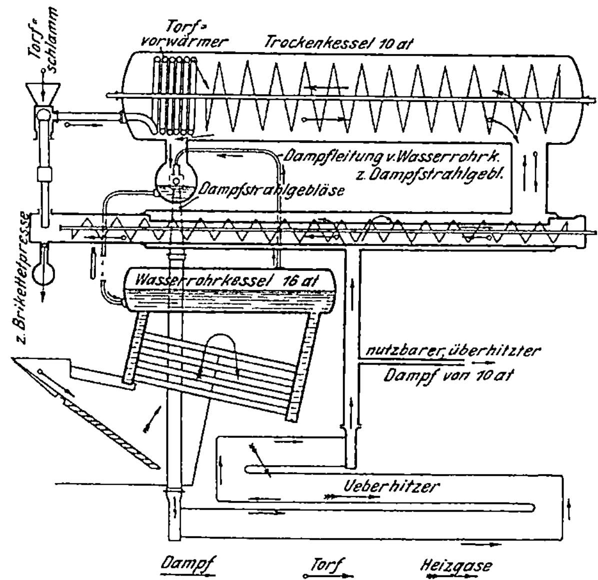

Abb. 48. Torfdampfkessel von Gercke.

speisepumpe drückt das Kondensationswasser des Vorwärmers wieder in den Wasserrohrkessel zurück. Außer Dampf soll der Kessel auch noch einen Überschuß an verkäuflichen Torfbriketts liefern.

Die Kesselanlage ist in dieser Form nicht mehr im Betrieb, da, wie schon eingangs erklärt, ein wirtschaftlicher Betrieb nicht möglich ist. Die Feuerungsanlage des Wasserrohrkessels selbst muß als eine sehr gute bezeichnet werden, da nach Angaben der Maschinenfabrik Nürnberg-Augsburg pro KW-Stunde 2,8 kg Torf verbraucht wurde.

Die Herstellung des Darrtorfes, d. h. Nachtrocknen lufttrockenen Torfes durch Wärme findet nur geringe Anwendung, weil sie eben auch wirtschaftlich schwer auszuführen ist. Das gleiche gilt von der Herstellung von Torfbriketts nach dem Verfahren von Exter,

Peters, Stauber, Dobson, Düsseldorfer Eisenwerk und Zeitzer Maschinenfabrik. Die Patente von Schöning und Fritz, die eine Versuchsanlage in Halensee geschaffen haben und den Torf durch erhitzte Walzen trockneten und in Pressen brikettierten, haben gleichfalls keine praktische Bedeutung erlangt, weil die Briketts die Neigung hatten an der Luft sofort zu verbrennen. Die Fabrik wurde deshalb der Feuersgefahr wegen geschlossen.

Hausding gibt eine eingehende Berechnung für die Wirtschaftlichkeit der Brikettfabrikation (Handbuch, S. 92—112).

Neuerdings versucht man die Herstellung von Torfstaub[1] für Kesselfeuerungen im Großen. Über die wirtschaftlichen Erfolge bestehen noch begründete Zweifel, denen wir uns anschließen müssen.

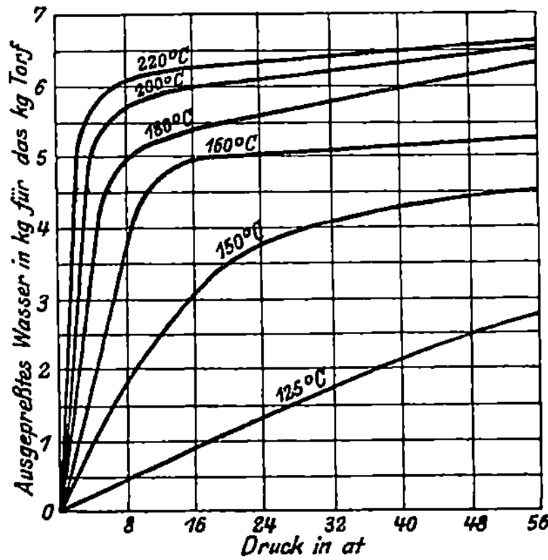

Abb. 49. Einfluß der Überhitzung auf Auspreßfähigkeit.

In den Zeitschriften wurden wiederholt die Patente des Dr. Ekenberg[2] zur Ausnützung angeboten, ohne daß man bis jetzt gehört hat, daß eine Anlage zur praktischen Erprobung ausgeführt ist.

Dr. Ekenberg will die Unmöglichkeit, Torf durch Pressen von dem Wassergehalt zu befreien, dadurch umgehen, daß er die Torfmasse, wie sie aus dem Moor kommt, durch Überhitzung aufschließt und sie dadurch dem Auspressen zugänglich macht.

Die in der Torfmasse enthaltene Hydrozellulose verhindert nach seinen Untersuchungen die Entfernung des Wassers durch Pressen. Überhitzt man die Torfmasse in Retorten, so steigt bei zunehmender Temperatur die Wasserabscheidung durch die Presse (Abb. 49). Die Probemasse bestand aus rohem Torf mit der siebenfachen Wassermenge.

Abb. 50 zeigt die Anordnung einer Naßverkohlungsanlage. Die zu Brei gerührte Torfmasse wird in den Trichter der Pumpe A geschüttet, die sie mit 15 bis 20 Atm. durch die Retorten treibt, wo sie überhitzt und verkohlt wird. Das Wasser wird zum Teil in den Retorten entfernt, der Rest durch die Presse C ausgeschieden. Aus der Presse C kommt ein Torfkuchen mit ca. 50% Wassergehalt, der dann nach Trocknen im Ofen in weiteren Pressen brikettiert wird. Ekenberg will mit 37% der in der Masse enthaltenen Trocken-

---

[1] M. 12, S. 6—10, 30—35.
[2] Engineering 28. Mai 1909. Dinglers Polytechnisches Journal 1910, S. 151 ff.

substanz das ganze Verfahren durchführen. Dr. L. C. Wolff[1]) zeigt, daß, um Torf mit 50 °/₀ Wassergehalt zu erzielen, 50 °/₀ der geförderten Torfmasse verbrannt werden muß. Es dürfte daher auch dieses Verfahren keinen Fortschritt in dem Problem der Torfgewinnung bedeuten.

Es ist natürlich, daß auch der elektrische Strom zur Veredelung des Torfes Anwendung finden mußte, und es sind Versuche in dieser Richtung von den Electro-Peat-Coal-Werken in Kilberry, Irland, und von den deutschen Osmon- und Pentan-Werken gemacht worden, die von den Höchster Farbwerken im Eulenauerfilze bei Aibling und in den Osmon- und Pentan-Werken bei Tilsit errichtet wurden.

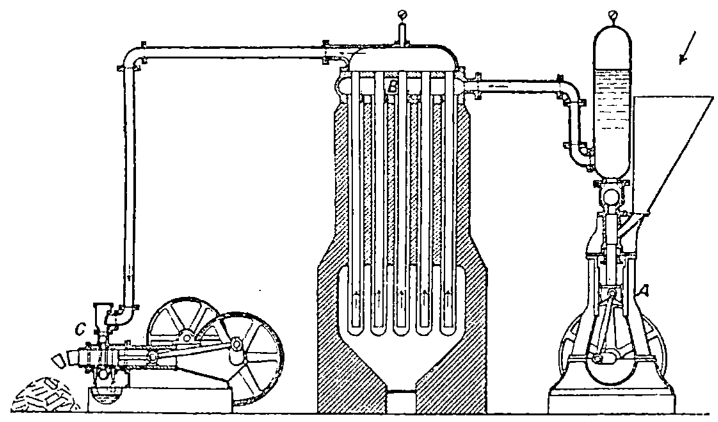

Abb. 50. Torfbrikettanlage nach Dr. Ekenberg.

In dem Werke: Peat: Its use and manufacture, Philip R. Björling and Frederik T. Gissing, Charles Griffin, London 1907, findet sich eine ausführliche Beschreibung dieser Anlage mit Abbildungen. Der Rohtorf wird durch die Transportwagen in die Grube gestürzt und durch einen Elevator in eine vertikale Zentrifuge gebracht, die einen Teil des im Torf enthaltenen Wassers ausschleudert. Von hier aus geht er durch das elektrische Mundstück in eine zweite Zentrifuge, dann durch einen Elevator in eine Brech- und Knetmaschine und von hier aus durch einen Konveyor in die Brikettpresse und nach dem Lager. Der Antrieb der Zentrifugen und der übrigen Maschinen erfolgt durch Elektromotoren. Über den elektrischen Vorgang gibt der Münchener land- und hauswirtschaftliche Ratgeber vom 27. November 1904 Angaben, die für die Osmon- bzw. Pentan-Werke Gültigkeit haben und einem Vortrag des Grafen Schwerin Wildenhoff entnommen sind.

---

¹) M. 09, S. 409—420.

Nach diesem Vortrag betrug die Dicke der Torfschicht zwischen den Kohlen ca. 4 cm. Beim Rohprodukt mit $87\,^0/_0$ Wasser sollte der Torf nach einer halbstündigen Osmose-Dauer nur etwa $70\,^0/_0$ Wasser enthalten. Zum Gelingen des Prozesses ist eine dauernde Stromstärke von 1000 Ampere erforderlich. Osmosierter Torf mit $73,2\,^0/_0$ Wasser enthielt nach 24stündiger Lufttrocknung $62,2\,^0/_0$, nach dreitägiger Lufttrocknung $42,2\,^0/_0$ Wasser.

Die erforderliche Betriebskraft eines Osmon-Werkes mit 128 t täglicher Leistung soll ca. 640 PS, die Anlagekosten mit Arbeiterwohnungen sollen ca. 800000 M. betragen. J. G. Thenlow, Christiana, hat die Electro-Peat-Coal-Werke Kilberry besucht und gibt folgende ganz interessante Aufschlüsse über den Kraftbedarf usw. der Zentrifuge[1]. Es wurden dort 400 kg Rohtorf in eine vertikale Zentrifuge von 1 m Durchmesser und 1,5 m Höhe gebracht. Der Wassergehalt des Torfes betrug $86,14\,^0/_0$. Der Antrieb der Zentrifuge erfolgte durch einen 5 PS-Motor mit 300 Umdrehungen. Nach 1 Stunde 10 Minuten enthielt die Torfprobe noch $84,28\,^0/_0$ Wasser.

Eine ähnliche Anlage, nach dem System Morsey-Picard & Verschuer, Cassel, beschreibt Geh. Oberregierungsrat Dr. Ramm[2].

Die Torfproben der Pentan-Werke Tilsit sind von der Bremer Moorversuchsstation untersucht worden (s. S. 70, Probe 19 und S. 71, Probe 22), und es hat sich dabei herausgestellt, daß eine Veränderung der Struktur nicht eingetreten ist.

Der elektrische Strom hat bei dem ganzen Prozeß nur Heiz- bzw. Trockenwirkung auszuüben, wie es von den Besuchern der oben genannten Anstalt durch Augenschein bestätigt wurde, da sich über den Osmoseapparaten dauernd eine dichte Wolke von Wasserdampf befand.

Die vorher genannten Antriebskräfte für die Maschinen und die Größe des benötigten Stromes für die elektrischen Apparate lassen ohne Rechnung erkennen, daß auch die künstliche Trocknung durch Elektrizität selbstverständlich ein Mißerfolg bedeutet.

Die 1905 in der Schweiz gegründeten Osmon-Werke mit einem Kapital von 1800000 Fr. haben die Auflösung beschlossen. Die Fabrik lag im Kanton Waadt, im Gebiete des Torfmoores zwischen Orbe und La Sarraz. Die Fabrik hat den Erwartungen nicht entsprochen, sie ergab mit den vorhandenen maschinellen Einrichtungen beim Großbetriebe nicht die Leistungen, die man bei kleinen Versuchen erzielt hatte.

Das Unternehmen der Electro-Peat-Coal-Syndicate[3] ist, wie schon

---

[1] M. 05, S. 209.
[2] Moorkultur, S. 75.
[3] M. 10, S. 28.

Torfsachverständige vorausgesagt haben, zusammengebrochen und hat sogar ein unangenehmes Nachspiel vor Gericht gehabt, weil durch notorische Unwahrheiten und durch Verschleierung der Tatsachen Nehmer von Anteilscheinen geschädigt waren.

Die Ostpreußischen Pentanwerke[1]) G. m. b. H. zu Tilsit haben aus ihrem Unternehmen keinen Erfolg herauswirtschaften können, und befinden sich deshalb in Liquidation.

Von anderen Methoden seien nur noch folgende erwähnt, die sich alle nicht wirtschaftlich gestaltet haben: Die Verkohlung von Torf mit überhitztem Wasserdampf ist bereits 1860 von Laurent und Thomas versucht worden. Weitere Versuche sind von Angel gemacht worden, der 1897 eine Fabrik in Christiania errichtete, die jedoch bald einging. Das gleiche gilt von dem Eckelund-Verfahren in Jönköping, die Versuche in Elmhult, Tenhult und Ageorid mißglückten.

Über die Patente von Holm Aalborg, die 1900 erschienen, ist weiter nichts bekannt. Das gleiche gilt von Vilén Laurenius 1897 und Schnablegger in Leoben.

Hausding gibt in seinem Handbuch, S. 305—16, eine Aufstellung über Patentiertes auf dem Gebiete der Torfgewinnung, auf die wir verweisen. Diese Aufstellung bis auf heute zu vervollständigen, haben wir nicht für nötig erachtet, da aussichtsreiche Anmeldungen nicht vorliegen.

d) Die Verkohlung.

Die Verkohlung des Torfes ist nach dem Vorbilde der Holzverkohlung ebenfalls sehr frühzeitig in Angriff genommen worden. Die naheliegendste und älteste Verkohlungsart ist die in Meilern. Sie werden dem Vorbilde der Holzmeiler entsprechend aufgebaut. Die Entzündung erfolgt durch trockenes Holz. Die Größe der Meiler wird mit 80 m³ angenommen, zur Verwendung gelangen zweckmäßig nur große, trockene und dichte Torfsoden. Das Ausbringen an Kohle beläuft sich auf 30 bis 40%, je nach der Trockenheit des Materials. Zur Verwendung dürfen nur möglichst aschenfreie Substanzen gelangen, da die Herstellung der Torfkohle sonst unrentabel ist. Die Meilerverkohlung findet jedoch nur noch in einzelnen Teilen Schwedens statt und hat in der letzten Zeit sehr an Bedeutung verloren.

Die zweite Art ist die Verkohlung in Gruben, die eine etwas günstigere Torfausbeute zuläßt, jedoch gleichfalls keine Bedeutung gewonnen hat. Auch hierfür ist die Verwendung von Torf mit geringem Aschengehalte durchaus erforderlich.

---

[1]) M. 10, S. 28.

Größere Aussicht hat die Verkohlung von Torf in Retorten, da hierbei die Gewinnung der teilweise sehr wertvollen Nebenprodukte mit ausgeführt werden kann.

Die älteste Form ist die von Bamme. Jedoch ist diese Ofenform neuerdings durch den Zieglerschen Retortenofen verdrängt worden.

Die Gesamtdisposition[1] einer Anlage wird in Moorkultur, S. 73, beschrieben.

Eine ausführliche Beschreibung des Verfahrens und der Versuchsresultate gibt Dr. L. C. Wolf in: Verhandlungen des Vereins zur Beförderung des Gewerbefleißes, Oktober 1903, und Z. 04, S. 887 u. ff Leider sind die errechneten Werte nicht einwandfrei, wie Professor Fischer[2] nachweist.

In der Generalversammlung vom 18. April wurde, wie die Münchener Zeitung schreibt[3], die Liquidation der oberbayerischen Kokswerke und Fabrik chemischer Produkte A.-G. zu München ausgesprochen. Diese Fabrik arbeitete nach dem Zieglerschen Verfahren.

Die im Jahre 1905 gegründete Gesellschaft, die die gehegten Erwartungen nicht erfüllt hat, weil es einerseits nicht möglich war, die für die Verkokungsprozesse notwendigen größeren Mengen lufttrockenen Torfes zu den angenommenen Gestehungspreisen zu beschaffen. Ferner ergab es sich, daß der Gewinnung der Nebenprodukte sich gewisse Schwierigkeiten entgegenstellen.

Die Anlage in Rekidno ist gleichfalls eingegangen. Die Torfkoks-G. m. b. H. Elisabethfehn scheint vorwärts zu kommen. Die Preise für Torfkoks sind jedoch so hoch, daß er mit den anderen Brennmaterialien für Kraftbetriebe nicht konkurrieren kann.

Rechtsanwalt A. Born, Berlin-Lankwitz, gibt eine neue Methode, Brenntorf zur Feuerung bzw. zur Vergasung geeigneter zu machen.

Nach seinen Erfahrungen[4] erhitzt sich teilweise getrockneter und feuchter Niederungsmoortorf, der auf einer Reißmaschine zerrissen und ca. 8 m hoch gelagert wird, sehr schnell und backt zu einer festen Masse zusammen, von der man nur mit der Spitzhacke Teile lösen kann. Diese Stücke zerfallen auf bloßen Druck oder Stoß zu heißem Staub. Der Prozeß des Zusammenbackens vollzieht sich in 3 bis 4 Wochen unter merklichem Schrumpfen. Luftzutritt in das Haldeninnere führt zur Selbstentzündung. Professor Tacke hat eine Probe, die ihm Baron von Lepel in Freistadt bei Sulingen

---

[1] Moorkultur, S. 73.
[2] Z. 04, S. 1659.
[3] M. 10, S. 227.
[4] M. 11, S. 429.

zur Verfügung gestellt hatte und die in der Halde verkohlt war, untersucht und fand folgende Zusammensetzung[1]):

Stickstoff	$0,97\%$
Verbrennliche Stoffe	$79,15\%$
Mineralstoffe	$20,85\%$
In Säuren Unlösliches	$19,32\%$
Kalk	$0,22\%$
Phosphorsäure	$0,06\%$

Der Vorgang wird auf Gärung zurückgeführt, ohne daß es bis jetzt gelungen ist, die in Frage kommenden Gärungserreger bakteriologisch festzustellen.

Der durch die Haldenverkohlung gewonnene Staub würde nach Angaben von Born für Staubfeuerung geeignet sein, daß jedoch damit ein Kessel-Nutzeffekt von 97% erreicht werden sollte, ist ausgeschlossen, wenn man den Versuch von Fuchs (s. S. 92) eingehend verfolgt und die Wärmemenge, die durch die Abgase entweichen, richtig in Ansatz bringt.

Auch trockener Sodentorf erfährt eine Nachtrocknung auf der Halde, erhitzt sich aber nicht bis zum Dampfen. Nach 1 bis 3 Jahren schrumpft er zu einer kohlenartigen Masse zusammen, die die Hälfte bis ein Viertel des früheren Volumens ausmacht und dann guter schwerer Braunkohle im Heizwert entsprechen soll. Die Soden dürfen nur soweit trocken sein, daß sie dem Haldendruck genügenden Widerstand leisten.

Die vom Rechtsanwalt Born, Lankwitz, als neu mitgeteilte Haldenverkohlung ist eine Erscheinung, die wir bei allen Kohlenlagerplätzen haben. Jede Kohle, die längere Zeit auf eine gewisse Höhe gestapelt im Freien lagern muß, neigt, besonders wenn sie feucht ist, dazu, sich zu entzünden und dadurch teilweise zu verkohlen. Daß die Entzündung auf Einwirkung von Bakterien zurückgeführt werden kann, wird von den meisten Seiten angezweifelt.

Nur die Tatsache bleibt bestehen, daß jede Kohle, die längere Zeit lagert, durch Verwittern und Verkoken an Wert verliert, weil bei dem Verkoken Wärme erforderlich ist, die verloren geht. Selbst wenn es möglich wäre, ohne Selbstentzündung den Torf auf der Halde teilweise durch Druck zu verkoken, so würde doch ein Verlust eintreten, der die Verbesserung des Restes hinfällig machen würde.

Versuche über Höhe des Schichtens lufttrockenen Torfes, ohne daß Selbstzünden stattfindet, sind noch nicht gemacht worden, jedoch dürfte bei dem geringen spez. Gewicht eine Schichthöhe von

---

[1]) M. 11, S. 449/50.

16 m die Grenze darstellen, weil andernfalls der unten liegende Torf durch das Gewicht der Halde zerdrückt und so für die Verfeuerung bzw. Vergasung minderwertig werden würde.

Wenn wir nun die im Vorstehenden beschriebenen Methoden zur Gewinnung des Torfes kritisch betrachten, so kommen wir zu dem Schlusse, daß als einzige wirtschaftliche die Gewinnung der Maschinen-Formtorfes in Betracht kommt.

Die Schwierigkeit, die bis jetzt mit der Torfgewinnung zusammenhing, lag daran, daß die konstruktive Durchbildung der Maschinen viel zu wünschen übrigließ. Die Maschinen sind teilweise ohne Sachkenntnis konstruiert bzw. in ihrer Ausbildung derart primitiv, daß der Ingenieur, der über alle in Frage kommenden Konstruktionsbedingungen unterrichtet ist, wohl imstande wäre, Maschinen zu konstruieren, die selbst für Großbetriebe genügende Wirtschaftlichkeit ergeben.

Die vorhandenen Zerreiß-, Misch- und Formmaschinen genügen den Ansprüchen, die man an sie stellen muß. Die Maschinen für die mechanische Förderung der Torfmasse sind jedoch erst seit kurzem gebaut worden, und die Dr. Wieland und Strengesche Maschinen sind allein für kleine und mittlere Betriebe geeignet, aber auch sie sind noch verbesserungsfähig.

Das Ablegen der Torfsoden geschieht bei der Dr. Wieland und Strengemaschine bereits automatisch und kann durch Ausführung weiterer Konstruktionen entsprechend den Vorschlägen des Verfassers auch für die größten Arbeitsleistungen der Bagger vollständig automatisch unter Zuhilfenahme eines Mannes erfolgen.

Große Schwierigkeiten dürfte es verursachen, die Torfsoden maschinell zum Trocknen zu häufeln. Dieses geschieht heute dadurch, daß die abgelegten Soden durch Frauenarbeit zu Haufen von ca. 1 m Höhe zusammengesetzt werden. Diese werden unter Umständen noch einmal umgesetzt.

Es wäre eines Versuches wert, die abgelegten Torfsoden durch eine Art Rechen, wie sie für Pferdebetrieb bei der Heugewinnung Anwendung finden, bzw. durch einen schneepflugartigen Körper zu Haufen zusammenzuschieben, jedoch setzt diese Arbeit eine besonders gut geebnete Trockenfläche voraus, die sich vielleicht dadurch erzielen ließe, daß man die abgetorfte Fläche durch die Bunkerde gut einebnet.

Ein gleich wichtiger Teil der Torfgewinnung ist die Abfuhr des lufttrockenen Torfes von den Trockenfeldern zum Kraftwerk. Auch hier müßte mit allen Mitteln versucht werden, die Handarbeit durch die Maschine zu ersetzen, und auch hier sind Schwierigkeiten in großem Maße vorhanden. Die in Haufen liegenden Torfsoden müßten durch eine leichte Transporteinrichtung in Form eines Förderbandes (die Firma Luther, Braunschweig, führt schon heute derartige leicht bewegliche Transportbänder aus) nach den Transportwagen geschafft werden. Das Aufnehmen der Torfsoden von dem Felde auf die Transportbänder müßte gleichfalls mechanisch erfolgen, und es wären hierzu einfache, leicht fahrbare Elevatoren zu konstruieren. Der Transport der Soden von dem Felde nach der Halde würde zweckmäßig in Selbstentladern großer Leistungsfähigkeit geschehen.

Da für alle Arbeiten elektrischer Strom zur Verfügung stehen wird, wird man sämtliche Transporteinrichtungen möglichst leicht konstruieren können, so daß sie das Moor, selbst wenn es schlecht entwässert ist, gut trägt.

Fassen wir nun noch einmal die Grundsätze zusammen, die für eine weitere Durchbildung der Formtorfgewinnung maßgebend sind! Die mechanische Förderung der Torfmasse aus dem Moor muß verbessert, Maschinen größerer Leistung müssen entworfen werden. Sie müssen für alle Torfe geeignet sein. Von großem Einfluß auf die Dauerhaftigkeit der Soden, ihre Dichte und ihre Schwindung ist die eingehende Zerreiß- und Mischwirkung der Maschinen. Man wird die Mischwirkung durch Vergrößerung der Umdrehungszahl der Wasserwellen möglichst erhöhen. Es ist daher der Antriebsmotor nicht ängstlich klein zu wählen und die Umdrehungszahlen der Schneidwellen sind auf mindestens 50 bis 60 zu erhöhen, die Sodenableger sind zu vervollkommnen, die mechanische Häufelung zu versuchen und die Transportvorrichtungen den speziellen Bedürfnissen anzupassen. Die Handarbeit muß mit allen Mitteln verringert werden.

Der richtig gewonnene lufttrockene Maschinentorf ist von einer solchen Dichtigkeit und Festigkeit, daß man sich eines Werkzeuges bedienen muß, um ihn zu zerkleinern. Die Oberfläche erhält eine so dichte und feste Kruste, daß sie nicht abfärbt und es nicht möglich ist, Stücke von ihm mit der Hand abzubröckeln. Der Wassergehalt beträgt 20 bis $25\,^{0}/_{0}$, in feuchten Jahren kann er bis auf $50\,^{0}/_{0}$ steigen. Hausding gibt in seinem Handbuch auf Seite 270 und 271 eine Tabelle über das Trockenmaß, Schwindewirkung usw., die wir nachstehend bringen.

Aus diesen Tabellen ergibt sich, daß die Verdichtungswirkung der Maschinen je nach den Verfahren zwischen 1,14 bis 4,9 schwankt. Man kann sie bei guten Maschinen mit ca. 1,5 annehmen. Die Schwind- oder Trockenwirkung ist mit 5 anzunehmen. Das Gewicht eines Kubikmeters Rohtorf beträgt ca. 1 t, das Gewicht eines Kubikmeters Trockentorf im Durchschnitt 700 kg.

Tabelle I.

Trockenmaß, Schwinde- und Verdichtungswirkung, sowie Wassergehalt und

1	2	3	4	5	6	7	8	9
	Aschengehalt	Gewinnungs-weise	Sodengröße in cm		Trockenmaß	Schwinde-wirkung	Dichte lufttrocken	
Rohstoff, Art und Beschaffenheit			naß	luft-trocken			Stichtorf	Masch.-Torf
	v. H.		V	v	$\dfrac{v}{V}$	$\dfrac{V}{v}$	s	S
1. Oldenburger leichter, schwarz-brauner Tang- und Schilftorf mit viel pflanzlichen Beimengungen.	1,8	Maschinen-Breitorf	28·9,3 ·13	19·6,5 ·7,6	0,28	3,60	0,20 bis 0,29	0,98
2. Hannoverscher brauner Heidetorf mit zahlreichen Wollgras- und Holzwurzelbeimengungen.	2,0	Maschinen-Breitorf	30·15 ·12	20·7,5 ·6	0,17	6,00	0,37	1,03
3. Holsteiner schwerer, brauner Modertorf mit geringen Pflanzenresten.	10,3	Maschinen-Formtorf	28,8 ·7,2 ·9,8	19,6 ·5,2 ·5,9	0,30	3,40	0,64	1,20
4. Gravensteiner, braun., leichter Tangtorf mit bastartigem Gefüge.	2,5	Maschinen-Breitorf mit Formkarre	29·13 ·10	17·8·5	0,18	5,56	0,31 bis 0,44	0,67
5. Leichter, brauner, filziger Moostorf.	1,3	Eichhornsch. Kugeltorf	10—12 cm Durchm.	5,5 bis 6,0	0,17	6,00	0,15 b.0,38	0,74
6. Schwerer, brauner Modertorf mit vielem Wollgras, Schilfresten usw.	2,7	Desgl.	10—12 cm Durchmesser	5,5 bis 6,0	0,17	6,00	0,48	1,00
7. Braunschweiger dunkelbrauner Modertorf, kurz und rein.	16,5	Maschinen-Formtorf	23,5·9 ·6,5	16·6·5	0,33	3,00	0,74	1,10
8. und 9. Märkischer schwarzer Modertorf mit beigemengten Schilfresten und einzelnen noch nicht vermoderten Wurzelfasern, mit 85 v. H. Wassergehalt verarb.	12,1	Masch.-Formtorf bei 10—15 Umdrehungen der Messerwelle	15·4·4	9·9,2 ·2,2	0,18	5,50	0,88	1,00
		Desgl. bei 75 Umdrehungen	15·4·4	9·1,8 ·2,5	0,17	6,05	0,88	1,24
10. und 11. Brauner Wiesentorf mit zahlreich beigemengten halbvermoderten Holz-, Schilf- und Wurzelfasern, mit 85 v. H. Wassergehalt verarbeitet.	11,1	Masch.-Formtorf bei 10—15 Umdrehgn.	oval: 25·7·4	14,8·4 ·2,3	0,19	5,32	0,70	1,12
		Desgl. bei 57 Umdrehgn.	25·7·4	14,2·3,8 ·1,8	0,14	7,28	0,70	1,30
12. Derselbe Torf wie unter 10. und 11., aber als Maschinentorf im halbtrocknen Zustande der Einwirkung des Frostes ausgesetzt und nach dem Auftauen an der Luft getrocknet.	—	—	25·7·4	19· 5,5·2,5	0,37	2,70	0,70	0,56

Tabelle I.
Feuchtigkeitsaufnahme von Maschinentorf im Vergleich zu Stichtorf.

10	11	12	13	14	15	16	17	18	19	20	21	22	23	24	25	26
Dichte gedarrt		Verdichtungs-wirkung	Wassergehalt des lufttrockenen Torfes bezogen				Erneute Wasseraufnahme des gedarrten Torfes						Wasseraufnahme des lufttrockenen Torfes bei Regenwetter			
			auf den lufttrocknen Zustand		auf den gedarrten Zustand		nach 2 Tagen		nach 4 Tagen		nach 10 Tagen		1 Stunde nach dem Regen		nach 24 Stund.	
Stichtorf	Masch.-Torf	$\frac{s}{s}$	Stichtorf	Masch.-Torf	Stichtorf	Masch.-Torf	Stichtorf	Masch.-Torf	Stichtorf	Masch.-Torf	Stichtorf	Masch.-Torf	Stichtorf	Masch.-Torf	Stichtorf	Masch.-Torf
			v. H.	v. H.	v. H.	v. H.	v. H.	v. H.	v. H.	v. H.	v. H.	v. H.	v. H.	v. H.	v. H.	v. H.
0,18 bis 0,26	0,84	3,27 bis 4,90	10,45	14,40	11,68	16,81	6,8	2,1	7,3	2,9	8,7	6,3	29,0	1,5	5,9	1,1
0,32	0,89	2,80	12,80	13,73	14,68	16,00	7,7	2,6	9,5	3,6	12,8	6,1	9,5	2,0	4,3	1,0
0,53	0,98	1,90	17,70	18,20	21,50	22,41	10,3	2,9	14,2	5,7	20,1	13,3	9,8	5,2	5,4	3,0
0,27 bis 0,38	0,57	1,52 bis 2,16	13,70	14,70	15,93	17,27	8,3	7,0	9,5	9,0	12,3	12,3	17,2	6,1	4,3	3,6
0,13 b. 0,33	0,63	2,85	13,90	14,30	16,01	16,68	9,5	5,9	11,3	8,1	12,8	12,2	29,0	5,5	8,0	3,2
0,41	0,88	2,10	13,36	11,98	15,29	13,59	8,8	1,05	10,9	1,6	13,4	4,1	11,3	3,9	5,2	1,7
—	0,93	1,50	—	15,80	—	18,88	—	3,80	—	5,90	—	11,9	—	3,9	—	1,7
0,76	0,86	1,14	14,0	13,80	16,36	15,92	6,5	5,8	9,1	8,4	14,3	14,1	6,3	3,9	4,0	2,8
0,76	1,07	1,41	14,0	13,70	16,36	15,74	6,5	3,1	9,1	5,1	14,3	7,2	6,3	1,7	4,0	1,5
0,60	0,95	1,60	14,40	15,30	16,85	18,01	7,5	2,6	10,5	4,3	15,7	9,5	10,4	4,7	5,8	3,0
0,60	1,09	1,71	14,40	16,40	16,85	19,59	7,5	1,5	10,5	2,5	15,7	7,2	10,4	3,8	5,8	2,5
0,61	0,48	0,80	13,0	14,79	14,94	17,35	7,5	9,0	10,5	11,2	15,7	12,78	10,4	10,6	5,8	4,7

C. Die Verwendung des Torfes zur Krafterzeugung.

Der Torf wird von den Anwohnern der Moore schon seit uralter Zeit zur Feuerung verwandt. In den moorreichen Gebieten Oldenburgs und Hannovers hat sich sogar eine kleine Industrie herausgebildet, um die Bewohner der Städte mit diesem Brennmaterial zu versorgen. Die Torfindustrie Rußlands ist dagegen schon heute ziemlich bedeutend. Im Jahre 1908[1]) waren dort 73 Firmen mit ca. 17 000 Arbeitern für die Gewinnung von Brenntorf tätig. Genaue Daten liegen von 37 Firmen vor. Diese haben gewonnen:

Gouvernement Moskau	97 907 m³	Faden
„ Wladimir	57 517 „	„
„ Nishnij Nowgorod .	8 000 „	„
„ Rjasan	4 500 „	„
„ Kostroma	600 „	„
„ Tambow	5 000 „	„
	173 524 m³	Faden

Die Gesamtausbeute wird auf 240 000 m³ Faden = $\sim$ 57 600 000 Pud $\sim$ 925 000 t Torf geschätzt. Der Mangel an Kohle wird die Ausbeute in den nächsten Jahren noch steigern; so ist schon heute beabsichtigt, Moskau aus einem Torfkraftwerk mit elektrischer Energie zu versorgen.

Es wird wiederholt behauptet, daß der Torf einen längeren Transport nicht vertragen kann. Wenn man bedenkt, daß gute Steinkohlen ca. 6000, Braunkohle 3000 und guter lufttrockener Torf ca. 3500 WE hat, so sieht man hieraus, daß ein einigermaßen großer Transportweg wohl vorhanden sein kann. Die Transportkosten erhöhen sich allerdings dadurch, daß der Torf ein verhältnismäßig niedriges spezifisches Gewicht, also ein größeres Volumen gegenüber Kohle hat.

Die letzte Eigenschaft des großen Volumens hat die Verwendung des Torfes daher zu Zwecken ungeeignet gemacht, wo ein geringer Raum zur Verfügung steht. Er wird daher allmählich aus den Wohnungen der Städter durch Steinkohle und vor allem durch Braunkohlenbriketts verdrängt.

Die Versuche, Torf für Lokomotivfeuerung zu verwenden, wie sie in Bayern, Oldenburg und in Schweden ausgeführt sind, sind

---

[1]) M. 09, S. 391/92.

daran gescheitert, daß die Mitführung eines zweiten Tenders und die Anwesenheit eines zweiten Heizers erforderlich wurden. Die Versuche in Schweden haben ergeben, daß 1,6 kg Torf im Heizwerte 1 kg englischer Steinkohle entsprechen.

Selbstverständlich wird der lufttrockene Torf für die gewerblichen Feuerungen der Torfbereitung bzw. für die industriellen Betriebe der Moorbesitzer benutzt.

Neuerdings hat der Torf für den Betrieb von Kraftwerken an Bedeutung gewonnen. Die Nachfrage nach elektrischer Energie steigt dauernd, die Anwendung hoher Spannungen ermöglicht es, die Energie der großen Torflager über fast ganz Deutschland zu verteilen. Andererseits ist es möglich, die öden Hochmoorflächen durch Abtorfen und Verwendung zu Kraftzwecken möglichst bald der Kultur zuzuführen. Ein Zusammenarbeiten der Ödlandskolonisation mit der Beschaffung elektrischer Energie wäre also wohl denkbar, jedoch verkennen wir nicht die Schwierigkeiten, die noch zu überwinden sind.

Bisher sind die Versuche, den Torf zur Erzeugung von elektrischer Energie zu verwenden, in verhältnismäßig kleinen Grenzen ausgeführt worden, und es ist Aufgabe der vorliegenden Schrift, nicht nur kritisch die verschiedenen Arten der Gewinnung von Energie aus Torf zu beleuchten, sondern auch Wege zu zeigen, zusammen mit der landwirtschaftlichen Nutzung der Moore elektrische Energie zu einem Preise zu beschaffen, wie er kaum von einer anderen Energiequelle gewährt werden kann. Deutschland ist arm an Wasserkräften, wie etwa Schweden und Norwegen sie besitzt, die billig im Ausbau, die Energie zu billigem Preise hergeben können. Der Torf soll diesem Mangel für den Teil unserer Monarchie abhelfen, wo keine Steinkohlen- und Braunkohlenlager vorhanden, wo die Wasserkräfte Süddeutschlands nicht mehr hinreichen. Andererseits sollen die Torfkraftwerke die bestehenden Werke entlasten und mithelfen an der fortschreitenden Elektrisierung der Staatsbahnen, die ohne billige Kraft nicht denkbar ist.

a) Wärmetechnische und chemische Eigenschaften des Torfes.

Vor Inangriffnahme der Nutzung eines Torflagers ist dasselbe eingehend auf die Mächtigkeit und die Eigenschaften des Torfes zu untersuchen.

Es ist zu diesem Zwecke erforderlich Bohrungen anzustellen, und zwar soll das Torflager dazu in Quadrate geteilt werden, deren

Seitenlänge höchstens 100 m beträgt. Als Bohrgerät ist zweckmäßig ein 2″-Gasrohr zu verwenden, dessen unteres Ende zu einem Bohrer ausgebildet ist, wie ihn die Steinbohrer haben. Dieser Bohrer wird bis auf den Sand durchgestoßen. Falls es möglich sein sollte, ist die Bohrstange einzunivellieren, um gleichzeitig einen Anhalt für die Entwässerungsprojekte zu haben. Mit dem Bohrer kann gleichzeitig das Vorhandensein von Holzeinschlüssen festgestellt werden.

Für die Entnahme von Bodenproben behufs chemischer und physikalischer Untersuchung hat die Moorversuchsstation[1]) Bremen eine eingehende Anweisung herausgegeben. Es sind an möglichst vielen Stellen grobe Löcher auszuheben, die Einzelproben aus den ihrer äußeren Beschaffenheit nach gleichartigen Schichten zu vereinigen und daraus nach sorgfältiger Durchmischung, bei der ein Zerdrücken der Moormasse möglichst zu vermeiden ist, je eine Durchschnittsprobe im Gewicht von 2 kg genau bezeichnet und in reine Beutel verpackt, in frischem Zustande an die Moorversuchsstation einzusenden. Angaben über die Ausdehnung, Mächtigkeit und Lagerungsverhältnisse der durch die einzelnen Durchschnittsproben dargestellten Moorschichten sind sehr erwünscht. Durchschnittsproben aus fertigem Material werden in der Art gewonnen, daß eine größere Zahl von Soden von verschiedenen Stellen des Haufens genommen, in hühnereigroße Stücke zerschlagen und daraus nach sorgfältiger Durchmischung eine Durchschnittsprobe von 2 bis 3 kg genommen wird, die in einem dichtschließenden Behälter einzusenden ist. Daneben sind noch einige unzerschlagene Soden in mittlerer Beschaffenheit einzusenden. Die Bestimmung des Heizwertes von Brennstoffen nach der Dulongschen Formel weicht bei Braunkohlen, Torf und Holz, weniger bei Steinkohlen und Koks oft beträchtlich von den mittels des Kalorimeters bestimmten ab. Es wurde daher auf den beiden ersten Konferenzen der Vorsteher der auf dem Gebiete des Moorwesens tätigen Anstalten bezüglich der Untersuchung der Berechnung und Darstellung der Untersuchungsergebnisse folgende Bestimmungen getroffen[2]).

1. Für exakte Brennwertsbestimmungen in Torfproben ist die Methode, bei der die kalorimetrische Bombe verwendet wird, obligatorisch zu machen. Andere Methoden sind nicht zulässig; namentlich darf der Brennwert nicht aus den Ergebnissen der Elementaranalyse nach der Dulongschen oder anderen Formeln berechnet werden.

2. An den beobachtenden Temperaturen sind mit Rücksicht auf

---

[1]) M. 07, S. 259—262. S. auch Lubkowsky M. 12, S. 207, v. Feilitzen, M. 12, S. 236 ff.
[2]) M. 10, S. 207 ff.

die praktische Verwertung folgende Korrekturen anzubringen und bei der Berechnung zu berücksichtigen:

a) Die Korrektur für Abkühlung, die durch den Einfluß der Umgebung auf das Kalorimeter hervorgerufen wird und aus den Ergebnissen des Vor- und Nachversuchs nach der vereinfachten Formel

$$\text{Korr.} = n v^1 + \frac{v + v^1}{2}$$

zu berechnen ist.

v und v^1 bedeuten die Temperaturdifferenzen zwischen den einzelnen Minuten im Vor- und Nachversuch; n die Anzahl der Minuten des Hauptversuches.

b 1) Die Korrektur für Zündung. Zu berechnen aus der Menge und Art des benützten Zündmaterials (Verbrennungswärme von 1 g Zellulose = 4200 Kal. von 1 g Eisendraht = 1601 Kal.).

b 2) Die Bildungswärme für Salpetersäure. Für 1 g entstandener Salpetersäure berechnen sich nach Berthelot 227 Kal. Diese Korrektur darf unberücksichtigt bleiben, wenn man mit einem kleinen Kalorimeter von ca. 80 cm³ Inhalt arbeitet.

b 3) Die Bildungs- und Verdünnungswärme für Schwefelsäure. Bringt man jedesmal 10 cm³ Wasser in die Bombe, so sind für jedes Prozent Schwefel 22,5 Kal. in Abzug zu bringen. Diese Korrektur ist unbedingt anzubringen, wenn es sich um die Untersuchung eines Niederungsmoortorfes handelt. Bei Hochmoortorfen darf sie vernachlässigt werden.

b 4) Die Korrektur für Wasserdampf. Für jedes Prozent hygroskopisches Wasser beträgt dieselbe 6 Kal. Für jedes Prozent Wasserstoff, der nicht in der Form von hygroskopischem Wasser vorliegt = 6·9 = 54 Kal. Um eine Elementaranalyse zu umgehen, soll für die organische aschenfreie Torftrockensubstanz allgemein ein mittlerer Wasserstoffgehalt von 5,5 % bei kal. Bestimmungen angenommen werden. In ganz vereinzelten seltenen Fällen, wo es auf eine äußerste Ermittelung des Heizwertes ankommt, ist der Wasserstoff, der nicht in Form von hygroskopischem Wasser vorhanden ist, elementaranalytisch zu ermitteln und in Rechnung zu stellen.

3. Bei der Darstellung der Untersuchungsergebnisse ist zwischen den Begriffen Verbrennungswärme und Heizwert ein scharfer Unterschied zu machen, der Irrtümer ausschließt.

Unter Verbrennungswärme (absoluter Heizwert, oberer Heizwert) eines Brennstoffes versteht man diejenige Wärmemenge, die angibt, wieviel Wärmeeinheiten ein Kilogramm desselben bei der Verbrennung ohne jeden Verlust zu gasförmiger Kohlensäure flüssiger (verdünnter) Schwefelsäure und flüssigem Wasser entwickelt. Dagegen bezeichnet der Heizwert (nutzbarer, technischer, praktischer, unterer Heizwert) eines Brennstoffes diejenige Wärmemenge, die angibt, wieviel Wärmeeinheiten ein Kilogramm desselben bei vollständiger Verbrennung zu gasförmiger Kohlensäure, gasförmiger schwefliger Säure und Wasserdampf von gewöhnlicher Temperatur entwickelt.

In jedem Gutachen ist auf alle Fälle anzugeben:

a) die Verbrennungswärme der Trockensubstanz;

b) der Heizwert der Torftrockensubstanz;

c) der Heizwert des lufttrockenen Torfes bei Annahme eines Wassergehaltes von einheitlich 20 oder $25\,^0/_0$;

d) der Heizwert des lufttrockenen Torfes, falls derselbe lufttrocken zur Untersuchung einläuft, unter Berücksichtigung des im Zustande des Einlaufs vorhandenen Wassergehaltes;

e) die theoretische Verdampfungswärme des Torfes für die Umwandlung von 1 kg Wasser von 0^0 in Dampf von 100^0, die sich durch Division des Heizwertes durch 637 berechnet;

f) der Aschengehalt der Torftrockensubstanz.

Auf Grund vorgenannter Bestimmungen sind in dem chemischen Laboratorium der Moorversuchsstation zu Bremen in den letzten Jahren eine ganze Menge von Torfproben untersucht worden, und zwar durch den Vorsteher Herrn Dr. H. Minssen. Die Volumengewichtsbestimmung geschah durch Wägung der durch lufttrockene Torfstücke verdrängten Menge feinen Sandes. In denjenigen Fällen, in denen zur Untersuchung frisches Moor eingeschickt war, wurden 1000 cm³ der frischen Substanz geknetet in Sodenform gebracht und bei mäßiger Temperatur vorsichtig so lange getrocknet, bis ein lufttrockenes Material mit etwa $20\,^0/_0$ Feuchtigkeit vorlag.

Da die Herkunft der einzelnen Proben sich über ganz Deutschland erstreckt, lassen wir im Nachstehenden die Beschreibung der Torfproben folgen und bringen eine Zusammenstellung der Ergebnisse der kalorimetrischen Untersuchung[1]).

Probe 1 (Bd. 22, Nr. 713). Reg.-Bez. Schleswig-Holstein. Quickborn. Moorfläche auf der südlichen Seite des Kaiser Wilhelm-Kanals. 11—12 km von Brunsbüttelkoog. Tiefere Schichten. Braunes, zum Teil hellbraunes ungleichmäßiges Moor, das teilweise stark, teilweise erst mäßig humifiziert ist und reichlich Wollgrasschöpfe enthält.

Proben 2—5 (Bd. 22, Nr. 719—722). Schweiz. Moorflächen am Canal d'Entreroches. Die ursprünglichen Proben stellen verkleinerte Profile dar, deren mittlere für die Gewinnung von Brenntorf in Betracht kommende Lagen unter Ausschluß derjenigen Partien, die

---

[1]) M. 07, S. 185.

schon äußerlich einen sehr hohen Gehalt an mineralischen Beimengungen (Wiesenmergel) erkennen ließen, für die Untersuchung benutzt wurden.

Probe 2. Gemeinde Bavois. Dunkel- bis hellgraubraunes, mäßig zersetztes Moor.

Probe 3. Gemeinde Bavois. Braunschwarz, mäßig zersetzt mit zahlreichen unzersetzten Resten von Sumpfgräsern.

Probe 4. Gemeinde Arnex. Dunkelbraunes, kohlensauren Kalk führendes, mäßig zersetztes Moor mit Resten von Phragmites und Holz.

Probe 5. Außerhalb des Gebiets. Graubraunes, mit tonigen und mergeligen Beimischungen und unzersetzten Resten von Sumpfgräsern durchsetztes Moor.

Proben 6 und 7 (Bd. 23, Nr. 98 und 99). Reg.-Bez. Frankfurt a. O. Kreis West-Sternberg. Dominium Pinnow. Mischproben aus tieferen Schichten (6 a, 6 b und 7 a, 7 b, 7 c, 7 d).

Probe 6 a. Graubraunes, z. T. gut zersetztes Sumpfmoor mit zahlreichen unzersetzten Resten von Sumpfgräsern und vereinzelten sandigen Partien.

Probe 6 b. Schwarzgraues, erst mäßig zersetztes Moor mit einigen sandhaltigen Nestern.

Probe 7 a. Graubraunes, durchweg erst schlecht bis mäßig zersetztes Sumpfmoor mit Holzresten und unzersetzten Resten von Sumpfgräsern.

Probe 7 b. Dunkler als 7 a, durchweg mäßig, in manchen Partien schon ziemlich gut zersetzt.

Probe 7 c. Graues, erst schlecht, vereinzelt mäßig zersetztes Sumpfmoor mit zahlreichen großen unzersetzten Phragmitesresten und Resten anderer Sumpfpflanzen.

Probe 7 d. Etwas dunkler als 7 c, durchweg mäßig zersetzt, sonst der Probe 7 c ähnlich.

Probe 8 (Bd. 23, Nr. 107). Reg.-Bez. Stettin. Moorfläche zwischen Stettin und Altdamm. Tiefere Schichten. Graubraunes, ziemlich gut zersetztes Moor.

Proben 9—14 (Bd. 23, Nr. 533—538). Schweiz. Orber Moor. Durchschnittsmischproben aus der Oberfläche und den tieferen Schichten. Dieselben stellen sämtlich dunkelbraune bis dunkelgraue, ziemlich gut zersetzte Moore mit besser zersetzten, sowie kleinen, erst mäßig zersetzten Anteilen dar. In allen Proben finden sich noch vereinzelte kleine unzersetzte Reste von Sumpfgräsern, zum Teil sind sie stark mineralstoff-(sand-)führend.

Probe 9 Vol.-Gew. lufttrocken 1,34   Probe 12 Vol.-Gew. lufttrocken 1,16
„ 10 „ „ „ 1,17   „ 13 „ „ „ 1,20
„ 11 „ „ „ 1,18   „ 14 „ „ „ 1,16

Proben 15 und 16 (Bd. 23, Nr. 577 und 578). Reg.-Bez. Königsberg. Bledau bei Kranz (Ostpr.).

Probe 15. Neues Lager. Torfschicht unter 0,40 m Abraum. Dunkelbraunes, im ganzen gut zersetztes, etwas schliffiges Moor mit vereinzelten unzersetzten Seggen- und Holzresten. Vol.-Gew. ltr. 0,93.

Probe 16. Altes Lager. Torfschicht unter 0,60 m Abraum. Braunes, erst ziemlich gut bis mäßig zersetztes Moor mit ungewöhnlich vielen Holz- und vereinzelten schlecht zersetzten Seggenresten. Manche Partien bestehen fast nur aus vermodertem Holz. Vol.-Gew. ltr. 0,82.

Probe 17 (Bd. 23, Nr. 584). Reg.-Bez. Aurich. Moorproben aus dem forstfiskalischen Teil des Neudorfer Moors, entnommen aus einer Tiefe von 1,50 m bis zum Sanduntergrund. Dunkelbrauner, vereinzelt hellbrauner, schon sehr stark zersetzter älterer Moostorf mit vielen unzersetzten Wollgrasschöpfen. Vol.-Gew. ltr. 0,83.

Probe 18 (Bd. 23, Nr. 724). Reg.-Bez. Aurich. Moorproben aus dem Auricher und Friedeburger Wiesenmoor und dem südlich vom Marcardsmoor belegenen Klinge-Moor, entnommen aus einer Tiefe von 1 bis 3 m. Dunkelbrauner, recht dichter, schon recht weit zersetzter, mit vielen wenig zersetzten Eriophorum- und vereinzelten kleinen Holzresten durchsetzter älterer Moostorf. Vol.-Gew. ltr. 0,82.

Probe 19 (Bd. 23, Nr. 753). „Osmontorf" aus den ostpreußischen Pentanwerken im Schwenzelmoor, Reg.-Bez. Gumbinnen. Hergestellt aus Torfbrei, dessen Wasser durch den elektrischen Strom größtenteils beseitigt wurde (elektrische Osmose). Eine chemische Veränderung der Torfsubstanz (Verkohlung usw.) ist durch diesen Prozeß nicht eingetreten. Es liegen harte, sehr dichte, nußgroße, ungleichmäßig geformte Torfstücke vor von dunkelbrauner Farbe. In der Torfsubstanz sind vereinzelte unzersetzte Pflanzenreste deutlich zu erkennen. Vol.-Gew. ltr. 1,62.

Proben 20 und 21 (Bd. 23, Nr. 906 und 907). Reg.-Bez. Liegnitz, Kreis Sagan, Rittergut Mittel-Küpper. Proben aus nicht näher bezeichneten Torflagern.

Probe 20. Brauner, erst mäßig bis ziemlich gut zersetzter Torf mit zahlreichen unzersetzten Resten von Seggen und einigen größeren Holzresten.

Probe 21. Grauschwarzer, noch schlecht bis mäßig zersetzter Torf, der zahlreiche unzersetzte Reste von Seggen und Dachrohr (Phragmites) enthält. Beide Proben waren sehr reich an Schwefelverbindungen, beim Vortrocknen bei 40 bis 50° überzog sich die Oberfläche der einzelnen Brocken mehr oder minder stark mit einem weißen Belage, der zum Teil aus Eisenvitriol bestand.

Probe. 22 (Bd. 23, Nr. 938). Vier Stücke „elektrische Torfkohle" (Electro-Peat-Coal), hergestellt aus Rohtorf aus Elisabethfehn in Oldenburg nach dem Patent Bessey durch Anwendung eines elektrischen Wechselstroms und darauffolgende Knetung. Es liegt stark zersetzter älterer Sphagnumtorf vor. Die mikroskopische Untersuchung erwies, daß die Torfsubstanz in keiner Weise verändert, eine etwaige Verbrennung oder Verkohlung in keiner Weise erfolgt war. Von einer mechanischen Beeinflussung der in den Proben noch vorhandenen organisierten Reste durch den elektrischen Strom war nichts zu entdecken. Die vier Stücke, deren Volumengewichte lufttrocken 1,18, 1,15, 1,10, 1,06, im Mittel 1,12 betrugen, wurden zerkleinert und für die Untersuchung zu einer Durchschnittsprobe vereinigt.

Proben 23—31 (Bd. 24, Nr. 385—389 und 391—394). Reg.-Bez. Sigmaringen. Die Proben, die sämtlich tieferen Moorschichten entnommen sind, stammen, mit Ausnahme der Proben 25 und 26, die von benachbarten Moorflächen auf badischem Gebiete herrühren, aus dem Pfrungerriet bei Ostrach in Hohenzollern.

Probe 23. Grauschwarzes bis dunkelbraunes, ziemlich gut bis im ganzen gut zersetztes Moor mit verschiedenen unzersetzten Resten von Sumpfpflanzen. Vol.-Gew. ltr. 0,78.

Probe 24.	Äußerlich ähnlich Probe 23.			Vol.-Gew. lufttrocken 0,73
„ 25.	„	„	„ 23. „ „	„ 0,62
„ 26.	„	„	„ 23. „ „	„ 0,69
„ 27.	„	„	„ 23. „ „	„ 0,50

Probe 28. Grauschwarzes, ziemlich gut zersetztes Moor mit vielen unzersetzten Resten von Sumpfpflanzen. Vol.-Gew. ltr. 0,79.

Probe 29. Dunkelbraunes, im ganzen gut zersetzter Moor. Vol.-Gew. ltr. 0,78.

Probe 30. Dunkelbraunes, ebenfalls schon durchweg im ganzen gut zersetztes Moor mit einigen noch unvollkommenen zersetzten Partien. Vol.-Gew. ltr. 0,82.

Probe 31. Grauschwarz, sonst wie Probe 23. Ganz vereinzelte kleine Holzreste. Vol.-Gew. ltr. 0,73.

Probe 32 (Bd. 25, Nr. 524). Reg.-Bez. Stralsund. Quilow bei Anklam. Nähere Angaben über Fundort und Entnahme der Proben fehlen. Graubrauner Niederungsmoortorf, im ganzen gut bis ziemlich gut zersetzt. Vol.-Gew. ltr. 0,36.

Probe 33 bis 48 (Bd. 25, Nr. 525 bis 540). Herzogtum Braunschweig, Kreis Helmstedt, Feldmarken Reinsdorf und Hohnsleben. Die Einzelproben wurden nach Forträumen des zu Brenntorf nicht benutzbaren Abraums aus der ganzen Tiefe der in Betracht kommenden Schichten entnommen und nach sorgfältiger Durchmischung sämtlicher zueinander gehöriger Einzelproben zur Gewinnung von Durchschnittsproben benutzt. Es liegen dunkelgraue, größtenteils recht weit zersetzte Niederungsmoore vor, die sich äußerlich fast nur durch den verschieden hohen Gehalt an Mineralstoffen unterscheiden und zum Teil reich an kohlensaurem Kalk (Konchylien) sind. Volumengewichte der einzelnen Proben lufttrocken:

Probe 33	0,70	Probe 34	0,84	Probe 35	0,70	Probe 36	0,75
„ 37	0,77	„ 38	0,78	„ 39	0,75	„ 40	0,75
„ 41	0,71	„ 42	1,05	„ 43	0,71	„ 44	0,69
„ 45	0,67	„ 46	0,67	„ 47	0,71	„ 48	0,78

Proben 49 bis 51 (Bd. 25, Nr. 862, 868, 870). Großherzogtum Oldenburg, Amt Friesoyte, Flur 29 der Gemeinde Bösel. Sämtliche Proben sind einer Tiefe unter 20 cm entnommen.

Probe 49 (Parz. 220/1). Braunes, im ganzen gut bis ziemlich gut zersetztes Moor mit ziemlich vielen unzersetzten Resten von Torfmoosen und Seggen. Vol.-Gew. ltr. 0,65.

Probe 50 (Parz. 227/1). Dunkelbraunes, im ganzen gut zersetztes, etwas schliffiges Moor mit einigen erst weniger zersetzten Resten von Wollgras und Seggen. Vol.-Gew. ltr. 0,67.

Probe 51 (Parz. 215/1). Schwarzbraunes, etwas schliffiges, im ganzen gut zersetztes Moor. Vol.-Gew. ltr. 1,08.

Der Heizwert sowohl des trockenen wie auch des lufttrockenen Materials bezieht sich auf Wasserdampf von gewöhnlicher Temperatur, Kohlensäure und schweflige Säure gasförmig.

Der prozentische Gehalt sämtlicher aschenfrei und trocken gedachten Torfproben bewegt sich im Gehalt an Kohlenstoff, Wasserstoff und Sauerstoff in verhältnismäßig engen Grenzen. Der Gehalt sämtlicher 51 Proben beträgt aschenfrei und vollkommen trocken gedacht in Prozenten:

Kohlenstoff	50,16	bis	60,10	im Mittel	56,14	
Wasserstoff	4,44	„	5,86	„	„	5,44
Sauerstoff	30,61	„	39,41	„	„	34,19

Je weiter die Zersetzung der Torfsubstanz vorgeschritten ist, um so reicher wird dieselbe an Kohlenstoff und Wasserstoff, um so ärmer an Sauerstoff. Der Stickstoff und Schwefelgehalt ist bedeutend kleiner, wenn es sich um Niederungsmoore handelt. Den höchsten Heizwert ergeben aschenarme ausgesprochene Hochmoortorfe.

Hausding gibt in seinem Handbuche (S. 18) verschiedene Analysen von ausländischen und einheimischen Torfarten, deren Heizwert nach den vorher genannten Grundzügen natürlich nur mit Vorsicht zu benutzen ist.

Tabelle II.
100 Teile Torf enthalten in der Trockensubstanz:

Nr.	C	H	N	S	Asche	CO_2	O	Heizwert kalorimetrisch
1	56,07	4,96	1,25	0,27	2,83	—	34,62	5058
2	51,84	5,04	2,58	0,53	10,30	—	29,71	4647
3	50,87	4,89	2,39	0,77	10,98	—	30,10	4511
4	43,87	4,15	2,34	0,69	24,65	1,42	22,88	3680
5	40,24	3,98	2,33	0,55	27,57	0,42	24,91	3451
6	34,40	3,36	1,92	0,96	38,76	—	20,60	2856
7	46,20	4,23	2,50	0,80	22,01	—	24,26	3877
8	41,71	3,96	2,70	1,21	28,56	—	21,86	3438
9	52,06	4,61	2,56	0,88	11,86	—	28,03	4511
10	44,60	4,23	2,45	1,16	21,40	—	26,16	3923
11	51,12	4,59	2,77	1,53	11,11	—	28,88	4545
12	35,52	3,56	2,02	0,52	35,24	—	23,14	3085
13	41,39	3,92	2,51	1,33	26,03	—	24,82	3596
14	49,94	4,71	2,33	2,25	13,86	—	26,91	4419
15	43,75	4,38	2,85	0,86	20,39	—	27,77	3992
16	54,66	5,04	2,16	0,69	4,59	—	32,86	4872
17	56,78	5,39	1,22	0,24	2,74	—	33,63	5050
18	54,31	5,48	0,86	0,25	2,73	—	36,37	5048
19	53,01	4,26	1,99	0,32	11,80	—	28,62	4593
20	50,65	4,15	2,83	0,78	6,45	—	35,14	4678
21	47,50	4,64	2,53	4,09	9,09	—	32,15	4641
22	50,59	4,71	1,01	0,29	8,65	—	34,75	4518
23	46,81	4,62	2,19	0,90	17,84	—	27,64	4144
24	49,49	5,22	2,63	1,04	10,62	—	31,00	4485
25	51,28	5,28	2,46	1,41	9,86	—	29,71	4463
26	46,95	4,57	2,43	1,88	16,76	—	27,41	4160
27	54,15	5,40	2,38	1,06	5,79	—	31,22	4732
28	51,87	5,12	2,93	0,82	7,33	—	32,02	4616
29	52,53	5,21	3,06	0,58	7,73	—	30,89	4590
30	51,63	5,15	3,09	0,59	7,97	—	31,57	4596
31	51,40	5,01	2,92	0,65	10,54	—	29,48	4466
32	54,73	5,33	2,94	0,57	5,74	—	30,69	4865
33	47,80	4,69	2,83	2,26	14,76	—	27,66	4143
34	41,61	3,93	2,87	2,18	23,16	—	26,25	3530
35	46,66	4,57	2,69	2,79	15,46	—	27,83	5059
36	48,04	4,60	2,89	2,13	13,74	1,08	27,52	4082
37	42,42	4,06	2,32	1,40	19,83	6,17	23,80	3601
38	31,59	3,02	2,07	1,09	36,62	6,76	18,85	2569
39	35,69	3,58	2,33	1,30	26,87	6,77	23,46	2969
40	28,66	3,01	1,92	0,42	31,22	15,04	19,73	2265
41	36,39	3,79	2,47	0,74	24,09	9,26	23,26	3068
42	12,92	1,46	0,87	0,44	71,23	3,01	10,07	388
43	29,65	3,07	1,79	0,76	35,49	9,67	19,57	2346
44	37,69	3,80	2,45	0,67	22,99	8,08	24,32	3203
45	24,04	2,31	1,38	0,21	37,04	16,85	18,17	1796
46	48,12	4,67	3,01	2,48	13,88	—	27,84	4139
47	38,76	3,75	2,43	1,53	24,09	4,82	24,62	3204
48	44,05	4,11	2,74	1,58	19,36	—	26,16	3721
49	57,77	5,72	1,46	0,33	1,89	—	32,83	5263
50	55,21	5,55	0,96	0,22	2,12	—	35,94	4920
51	55,28	5,46	0,91	0,22	2,32	—	35,81	4969

Tabelle III.

100 Teile Torf enthalten in Prozenten lufttrocken mit $20^0/_0$ Wasser:

Nr.	C	H	N	S	Asche	CO_2	O	Heizwert kalorimetrisch
1	44,86	3,97	1,00	0,21	2,27	—	27,69	3927
2	41,47	4,03	2,06	0,42	8,24	—	23,78	3597
3	40,70	3,91	1,91	0,62	8,78	—	24,03	3489
4	35,10	3,32	1,87	0,55	19,72	1,13	18,31	2824
5	32,19	3,18	1,86	0,44	22,06	0,33	19,94	2641
6	27,52	2,68	1,53	0,77	31,01	—	16,49	2165
7	36,96	3,38	2,00	0,64	17,61	—	19,41	2982
8	33,73	3,17	2,16	0,97	22,85	—	17,48	2630
9	41,65	3,69	2,05	0,70	9,49	—	22,42	3488
10	35,68	3,38	1,96	0,93	17,12	—	20,93	3019
11	40,90	3,67	2,22	1,22	8,89	—	23,10	3516
12	28,41	2,85	1,62	0,42	28,19	—	18,51	2348
13	33,11	3,14	2,01	1,06	20,82	—	19,86	2757
14	39,95	3,77	1,86	1,80	11,09	—	21,53	3415
15	35,00	3,50	2,28	0,69	16,31	—	22,22	3073
16	43,73	4,03	1,73	0,55	3,67	—	26,29	3777
17	45,42	4,31	0,98	0,19	2,19	—	26,91	3920
18	43,45	4,38	0,69	0,20	2,18	—	29,10	3919
19	42,41	3,41	1,59	0,26	9,44	—	22,89	3555
20	40,52	3,32	2,26	0,63	5,16	—	28,12	3623
21	38,00	3,71	2,02	3,27	7,27	—	25,73	3593
22	40,47	3,77	0,81	0,23	6,92	—	27,80	3494
23	37,45	3,70	1,75	0,72	14,27	—	22,11	3195
24	39,56	4,18	2,10	0,83	8,50	—	24,80	3468
25	41,02	4,22	1,97	1,13	7,89	—	23,77	3451
26	37,56	3,66	1,94	1,50	13,41	—	21,93	3208
27	43,32	4,32	1,90	0,85	4,63	—	24,98	3665
28	41,42	4,10	2,34	0,66	5,86	—	25,62	3572
29	42,02	4,17	2,45	0,46	6,18	—	24,72	3552
30	41,30	4,12	2,47	0,47	6,38	—	25,26	3557
31	41,12	4,01	2,34	0,52	8,43	—	23,58	3453
32	43,78	4,26	2,35	0,46	4,59	—	24,56	3772
33	38,24	3,75	2,26	1,81	11,81	—	22,13	3194
34	33,29	3,14	2,30	1,74	18,53	—	21,00	2704
35	37,33	3,66	2,15	2,23	12,37	—	22,26	3127
36	38,43	3,68	2,31	1,70	10,99	0,86	22,03	3145
37	33,94	3,25	1,86	1,12	15,86	4,94	19,03	2761
38	25,27	2,42	1,66	0,87	29,30	5,41	15,07	1935
39	28,55	2,86	1,86	1,04	21,50	5,43	18,77	2255
40	22,93	2,41	1,54	0,34	24,98	12,03	15,77	1692
41	29,11	3,03	1,98	0,59	19,27	7,41	18,61	2334
42	10,34	1,17	0,70	0,35	56,98	2,41	8,05	191
43	23,72	2,46	1,43	0,61	28,39	7,74	15,65	1757
44	30,15	3,04	1,96	0,54	18,39	6,46	19,46	2443
45	19,23	1,85	1,10	0,17	29,63	13,48	14,54	1317
46	38,50	3,74	2,41	1,98	11,10	—	22,27	3191
47	31,01	3,00	1,94	1,22	19,27	3,86	19,70	2443
48	35,24	3,29	2,19	1,26	15,49	—	22,53	2857
49	46,22	4,58	1,17	0,26	1,51	—	26,26	4090
50	44,17	4,44	0,77	0,18	1,70	—	28,74	3816
51	44,22	4,37	0,73	0,18	1,86	—	28,64	3855

Tabelle IV.

100 Teile der aschenfrei gedachten Torftrockensubstanz enthalten in Prozenten:

Nr.	C	H	N	S	O
1	55,70	5,10	1,29	0,28	35,63
2	57,79	5,62	2,88	0,59	33,12
3	57,14	5,49	2,68	0,68	33,83
4	56,34	5,61	3,17	0,93	30,95
5	55,88	5,53	3,24	0,76	34,59
6	56,17	5,49	3,14	1,57	33,63
7	59,24	5,42	3,21	1,03	31,10
8	58,38	5,54	3,78	1,69	30,61
9	59,07	5,23	2,90	1,00	31,80
10	56,74	5,38	3,12	1,48	33,28
11	57,51	5,16	3,12	1,72	32,49
12	54,85	5,50	3,12	0,80	35,73
13	55,96	5,30	3,39	1,80	33,55
14	57,98	5,47	2,70	2,61	31,24
15	54,96	5,50	3,58	1,08	34,88
16	57,29	5,28	2,26	0,72	34,45
17	58,38	5,54	1,25	0,25	34,58
18	55,83	5,63	0,88	0,26	37,40
19	60,10	4,83	2,26	0,36	32,45
20	54,14	4,44	3,03	0,83	37,56
21	52,25	5,10	2,78	4,50	35,37
22	55,38	5,16	1,11	0,32	38,03
23	56,97	5,62	2,67	1,10	33,64
24	55,37	5,84	2,94	1,16	34,69
25	56,89	5,86	2,73	1,56	32,96
26	56,40	5,49	2,92	2,26	32,93
27	57,48	5,73	2,53	1,13	33,13
28	55,88	5,52	3,16	0,88	34,56
29	56,93	5,65	3,32	0,63	33,47
30	56,10	5,60	3,36	0,64	34,30
31	57,46	5,60	3,26	0,73	32,95
32	58,06	5,65	3,12	0,60	32,57
33	56,08	5,50	3,32	2,65	32,45
34	54,15	5,11	3,74	2,84	34,16
35	55,19	5,41	3,18	3,30	32,92
36	56,40	5,40	3,39	2,50	32,31
37	57,32	5,49	3,14	1,89	32,16
38	55,79	5,33	3,66	1,93	33,29
39	53,78	5,39	3,51	1,96	35,36
40	53,33	5,60	3,57	0,78	36,72
41	54,60	5,69	3,71	1,11	34,89
42	50,16	5,67	3,38	1,71	39,08
43	54,07	5,60	3,26	1,39	35,68
44	54,68	5,51	3,55	0,97	35,29
45	52,14	5,01	2,99	0,45	39,41
46	55,88	5,42	3,50	2,88	32,32
47	54,52	5,28	3,42	2,15	34,63
48	54,63	5,10	3,40	1,96	34,91
49	58,88	4,83	1,49	0,34	33,46
50	56,41	5,67	0,98	0,22	36,72
51	56,59	5,59	0,93	0,23	36,66

Über die chemische Zusammensetzung des Torfes aus Maine gibt das Bulletin Nr. 376 der United States Geological Survey (Engineer, Oktober 09, S. 73/74) einige Angaben.

Flüchtige Bestandteile	Fester Kohlenstoff	Asche	Schwefel	N	Heizwert WE
56,01	31,30	12,69	0,59	1,78	2204
51,46	26,03	22,51	0,18	1,15	1842
61,67	31,41	6,92	0,10	0,77	2270
63,06	31,21	5,73	0,36	2,09	2427

Weitere Aufstellungen über Feuchtigkeitsgehalt der Moore und Zusammenstellung des Torfes sind in dem Werke Turfvergassing, S. 9 enthalten. Die Proben zu diesen Versuchen sind den Torfmooren der Rijkswerkinrichtingen Veenhuizen entnommen.

Tabelle V.

Feuchtigkeitsgehalt in Prozenten Moor	lufttrockener Torf	Asche	C	H	N	S	Obere WE	Untere WE	Torf mit 25% Wasser Heizwert
86,2	13,7	4,6	53,3	5,1	1,27	0,19	5700	5430	3920
85,9	13,9	13,9	46,8	4,7	1,06	0,16	5100	4850	3490
90,3	15,3	2,9	48,5	4,7	1,29	0,31	5430	5180	3740
89,1	15,5	2,8	50,6	4,0	1,16	0,21	5410	5200	3750
89,4	14,8	3,6	49,9	4,5	1,28	0,23	5400	5160	3720
90,7	14,3	6,5	46,0	5,0	1,41	0,21	5130	4870	3500
90,3	14,6	5,3	48,0	5,2	1,58	0,22	5380	5110	3680
84,8	14,7	3,9	53,4	4,7	1,37	0,19	5820	5570	4030
90,7	15,1	8,2	44,4	4,3	1,09	0,17	4800	4570	3280
92,9	15,5	1,8	47,5	4,9	1,26	0,19	5160	4900	3520
89,9	15,7	5,7	46,1	4,5	1,32	0,18	5000	4760	3420
89,5	15,6	7,2	46,9	4,4	1,94	0,37	5040	4810	3450
88,3	15,9	2,0	49,3	4,7	1,00	0,16	5290	5040	3630

Für die Gewinnung von Ammoniumsulfate wichtige Analysen gibt Dr. Bersch[1]) über den besonders hohen Stickstoffgehalt einiger österreichischer Moore.

Prozent

Rudniker Moor (Westgalizien) 2,75

    do. 2,04

    do. aus 80 cm Tiefe 2,11

    do. aus 100 cm Tiefe 2,3

---

[1]) Dr. Wilhelm Bersch, Die Moore Österreichs, eine botanisch-chemische Studie.

	Prozent
Flachmoor Starisko bei Lubienwielki (Ostgalizien) . .	1,93
do.	2,68
Flachmoor Stojanow bei Radziechow (Ostgalizien) .	1,52
do.	3,26
Flachmoor Mielnicka bei Brody	3,14
do.	3,54
Flachmoor Osera bei Brody . . . . 2,88 bis	3,22
Moor bei Egg im Bregenzer Wald	2,22
do.	2,28
Lustenauer Ried	2,14
do.	1,99
Flachmoor bei Neuhaus	2,73
Carexdorf bei Melnik	1,81
do.	1,78
Schilftorf bei Melnik	3,20
do.	3,01
Specktorf von Sebastiansberg	2,40
Mischmoor von Schwarzbach	2,48
Zwittauer Moor	2,15
Moor bei Wiesenberg	2,13

Den Düngewert der Torfasche, wie sie bei Verbrennung von lufttrockenem Torf leider in großen Mengen erzeugt wird, hat von Feilitzen[1], Jönköping, untersucht. Er hat folgende Analysen von Torfaschen ausgeführt:

Asche aus	Totalgehalt			
	Eisenoxyd und Tonerde %	Kalk %	Kali %	Phosphorsäure %
1891				
1. Hochmoortorf	11,67	7,54	1,34	2,47
2. Niederungsmoortorf . . .	20,44	19,19	0,52	1,73
1904.				
3. Kiefernwaldtorf im Gemenge mit Sphagnum-Eriophorumtorf	23,44	21,04	1,25	2,13
4. Torf der gleichen Beschaffenheit wie 3.	36,03	16,03	0,76	2,45
5. Sphagnum-Eriophortorf . (In kochender 24 %iger Salzsäure löslich)	30,18	15,41	1,05	2,70
6. Eriophorum-Hypnum-Phragmitestorf	—	5,79	2,18	1,55

[1] M. 10, S. 50 ff.

	Eisenoxyd und Tonerde in kochender Salzsäure löslich %	Kalk in kochender Salzsäure löslich %	Kali Totalgehalt %	Kali in Salzsäure löslich %	Kali wasserlöslich %	Phosphorsäure in Salzsäure löslich %	Phosphorsäure in Zitronensäure löslich %	Phosphorsäure wasserlöslich %
1906 7. Sphagnum-Eriophorumtorf	23,35	12,40	1,01	0,54	0,40	1,95	1,53	0
1907 8. Sphagnum-Eriophorumtorf	11,76	8,68	2,21	0,37	0,10	0,95	0,82	0
1909 9. Sphagnum-Eriophorumtorf	—	—	—	0,16	—	—	0,53	—

Auf einem Versuchsboden, der ein sehr gut zersetzter kalk- und stickstoffreicher Niederungsmoorboden war und arm an Kali und Phosporsäure, hat er mit der Düngung sehr gute Erfolge erzielt. Der Kalkgehalt des Versuchsbodens betrug 2,86 %, der Stickstoffgehalt 2,66 %.

Die Erntesteigerung über ungedüngt betrug in Prozenten:

	1907 Korn	1907 Stroh	1908 Korn	1908 Stroh	1909 Gesamternte
2000 kg Torfasche ha	17,8	3,5	13,3	25,3	138,8
4000 „ „ „	28,5	60,1	27,9	46,1	139,6
6000 „ „ „	81,8	89,2	44,5	56,9	247,4

Bei der Düngung wurden die Torfaschen Nr. 7, 8 und 9 benutzt, die Ernteerhöhung beruht auf den mit der Torfasche zugeführten Mengen an Posphorsäure und Kali.

Die für die Verwendung des Torfes zu Kraftzwecken wichtigsten Angaben über den Heizwert sind in Tabelle II bis V in der letzten Spalte enthalten.

Um einen Vergleich mit den anderen Brennstoffen zu haben, geben wir eine Tabelle der Grenzwerte der verschiedenen Brennmaterialien, bezogen auf den mittleren Gehalt an Feuchtigkeit.

Grenzwerte für den Heizwert[1]):

Lufttrockenes Holz	2400—3800	WE
Erdige Braunkohle	1500—3400	„
Erdige Braunkohle mittlerer Be- schaffenheit	2800	„
Braunkohlenbriketts	4500—5000	„
Böhmische Braunkohle	4300—5500	„
Steinkohle	5500—8100	„
Steinkohlenbriketts	6200—7600	„
Koks aus Steinkohlen	5900—7500	„
Torfkoks	7300—7600	„
Holzkohle	6900—7500	„
Torf, gute Qualität	3500—4200	„
Torf, mittlere Qualität	2800—3500	„
Torf, mäßige Qualität	2000—2800	„

Eine ähnliche Tabelle für die verschiedenen Braunkohlensorten mit Analysen gibt Neumann[2]):

Tabelle VI.

Kohlensorte	Wasser	Asche	Brennbare Substanz			Heizwert
			fester Kohlenstoff	flüchtige Bestandteile	Summe	
	v. H.	v. H.	v. H.	v. H.	v. H.	WE/kg
Sächsische Rohkohle .	42—56	2—10	11—21	27—30	38—51	2200—3200
Lausitzer Rohkohle .	46—58	2—7	19—29	21—24	40—53	2000—2700
Rheinische Rohkohle .	52—60	2—4	18—23	20—27	38—50	2100—2400
Sächsische Briketts .	11—18	7—11	32—39	42—45	74—84	4500—5300
Rheinische Briketts .	13—17	4—6	37—40	40—43	77—83	4600—5200
Böhmische Kohle . .	18—36	2—8	32—35	33—40	65—75	4000—5600

Diese Tabelle ist insofern von großem Wert, weil wir bei unseren Betrachtungen werden häufig auf die Rohbraunkohle zurückgreifen müssen.

b) Torf als Kesselfeuerung.

Die Feuerung von Torf unter Dampfkesseln hat in kleinen Betrieben in der Nähe der Moore große Verbreitung gefunden, jedoch wurden bis vor kurzem die Torfsoden auf gewöhnlichen Planrosten

---

[1]) Dr. Minssen, M. 10, S. 209.
[2]) Z. 06, S. 722.

verfeuert, was natürlich eine ungünstige Ausnützung des Brennmaterials ergab.

Die einzige Möglichkeit zur wirtschaftlichen Feuerung bietet der Treppenrost, der für Materialien noch höheren Wassergehaltes als lufttrockener Torf Verwendung findet.

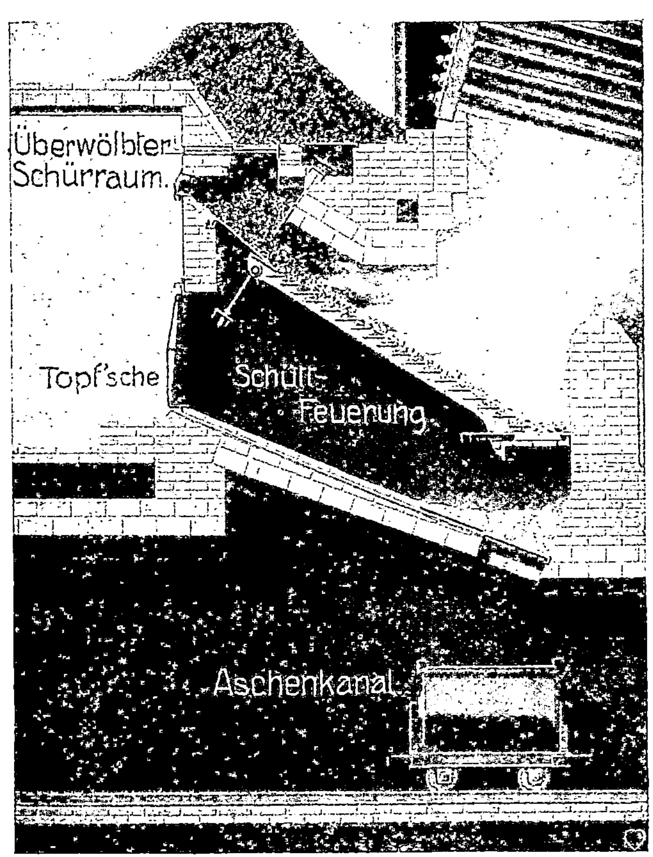

Abb. 51. Schüttfeuerung für Braunkohle.

Die einzige größere Anlage für Torffeuerung stellt das Kraftwerk der Überlandzentrale Wiesmoor bei Aurich dar, das von den Siemens-Schuckert-Werken, G. m. b. H., erbaut ist. Wir kommen auf die Anlage später eingehend zurück.

Große Bedeutung hat die Feuerung von Torf in Rußland erlangt wegen Mangel an Kohle bzw. der hohen Kosten derselben. Es sind dort ganz bedeutende Anlagen mit Torffeuerung vor-

handen, wie es aus den später folgenden Zusammenstellungen ersichtlich ist.

In Rußland findet viel eine Generatorgasvorfeuerung Anwendung,
die an Ort und Stelle aus Steinen aufgebaut wird und daher ziemlich primitiv ist.

Die Generatorvorfeuerung hat natürlich sämtliche Nachteile des
Generators, wie sie bei bituminösen Brennstoffen vorkommen, vor

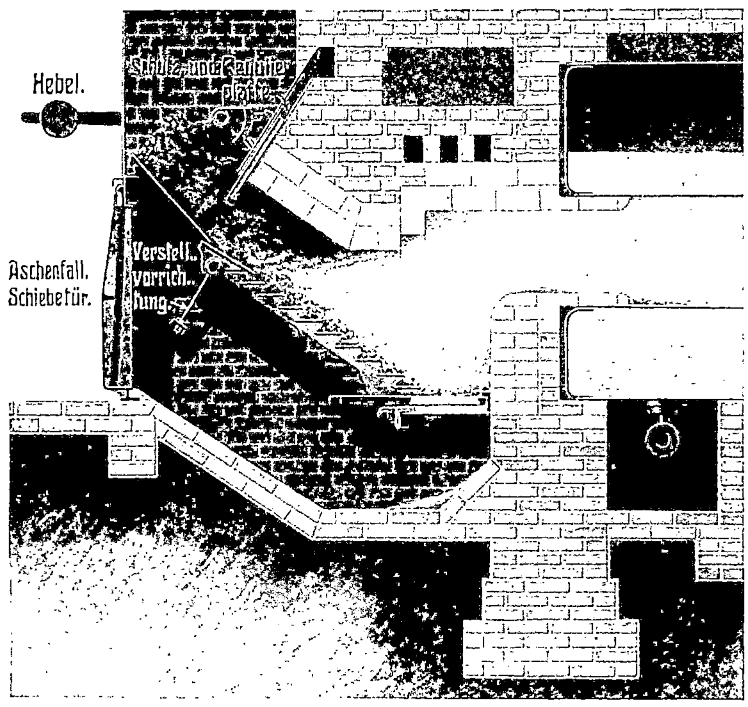

Abb. 52. Schüttfeuerung für Holz und Torf.

allem macht die Entfernung der Asche bei aschereichem Brenntorf
und die Entfernung der Schlacken von den Generatorwänden große
Schwierigkeiten.

Falls nicht das Gas in Gasmaschinen verwertet wird, ist die
zweimalige Energieumsetzung natürlich unwirtschaftlich.

Der wichtigste Teil bei den Kesselanlagen ist besonders für die
Brennstoffe mit hohem Feuchtigkeitsgehalt der Rost.

Das geringe spezifische Gewicht und der niedrige Heizwert erfordern große Rostflächen, die nur durch einen Treppenrost erreicht
werden, trotzdem ist bei Kesseln mit größerer Heizfläche die Rostfläche oft breiter als die Rohrbündel.

Von den Treppenrostkonstruktionen kommen hauptsächlich die Schüttfeuerungen der Firma J. A. Topf & Söhne, Erfurt, in Frage und die Halbgasfeuerungen der Firma Keilmann & Völker, Bernburg a. S.

Eine Schüttfeuerung der Firma J. A. Topf & Söhne zur Verfeuerung von Braunkohlen zeigt Abb. 51. Eine gleiche Feuerung zum Verfeuern grobstückiger Brennmaterialien, besonders von Holzabfällen und Torfsoden, zeigt Abb. 52. Die Ansicht der Feuerung mit Fülltrichter für Handbeschickung zeigt Abb. 53. Der Einbau der Kesselfeuerung ist in den Abb. 54 und 55 dargestellt. Man kann aus diesen ohne weiteres die verschiedenen Gebäude - Dispositionen, Anordnung der Kohlensilos, des Schür- und Bedienungsganges ersehen.

Die Arbeit an dem Einwurfstrichter wird eine minimale, es ist also zweckmäßig, wie in Abb. 54 gezeigt, den Bedienungsgang als einfache Galerie auszubilden, wodurch die Kosten an Baulichkeiten vermindert und eine größere Übersicht des Kesselhauses erzielt wird. Die Manometer und Zugmesser sind zweckmäßig im Schürraum unterzubringen bzw.

Abb. 53. Feuerung mit Fülltrichter für Handbeschickung.

zu wiederholen, weil sich hierher die Haupttätigkeit der Heizer verlegt.

In neuer Zeit hat die Halbgasfeuerung von Keilmann & Völker, Bernburg a. S., in den Dampfkesselanlagen, in denen Braunkohle gefeuert wird, weitgehendste Anordnung gefunden. Diese Feuerung ermöglicht eine weitgehende Regulierung der Primär- und Sekundärluft, und eine Ausnutzung der leichten Kohlenwasserstoffe, die bei dem sehr hohen Wassergehalt der Brennmaterialien mit dem Wasserdampf entweichen. Die Ausführung des Rostes und die Art der Luftzuführung ist aus Abb. 56 zu ersehen. Der Schürraum selbst kann durch Türen vollständig abgeschlossen und die Sekundärluft bequem reguliert werden.

Der Einbau eines festen und eines beweglichen Wehres teilt den Rost in zwei Teile. Der dem Einschütttrichter zunächst liegende

Abb. 54. Einbaudisposition der Feuerung mit offenem Schürraum.

Teil des Rostes dient dazu, das Feuermaterial zu trocknen und zu schwälen und teilweise zu vergasen. Das feste Wehr dient hauptsächlich zur Ausnutzung der leichten Kohlenwasserstoffgase. Der Entzündungspunkt dieser Gase liegt so hoch, daß sie nur bei inniger Vermischung mit den heißesten Feuergasen zur Verbrennung gelangen.

Durch die Anordnung des Regulierschiebers und des festen Wehres ist ein Überschütten des Rostes unmöglich gemacht und die Zufuhr des Brennmaterials kann bequem nach der Beanspruchung des Kessels reguliert werden.

Als weiterer Vorteil dieses Rostes mag noch der bewegliche Schürapparat genannt werden. Derselbe kann vollständig herausgezogen werden und so die Schlacke von dem unteren Teile des Rostes, wo sie sich hauptsächlich bildet, und von den Wänden der

Abb. 55. Einbaudisposition mit überwölbtem Schürraum.

Feuerzüge während des Betriebes bequem entfernt werden. Nach den vorgenannten Eigenschaften dürfte gerade dieser Rost für die Torffeuerung von großer Bedeutung sein. Er hat im Gegensatz zu der Generatorgasvorfeuerung leicht bewegliche Teile, die in kürzester Zeit in den Betriebspausen entfernt und durch neue ersetzt werden können. Wir glauben, daß gerade die Halbgasfeuerung berufen ist, bei Anlagen, in denen der Torf unter Dampfkesseln verfeuert wird, die günstigste Lösung des immerhin ziemlich schwierigen Problems zu bieten.

Die Wahl der Roststäbe dürfte heute auch nicht mehr schwierig sein nach den Erfahrungen in der Zentrale Wiesmoor und im Elek-

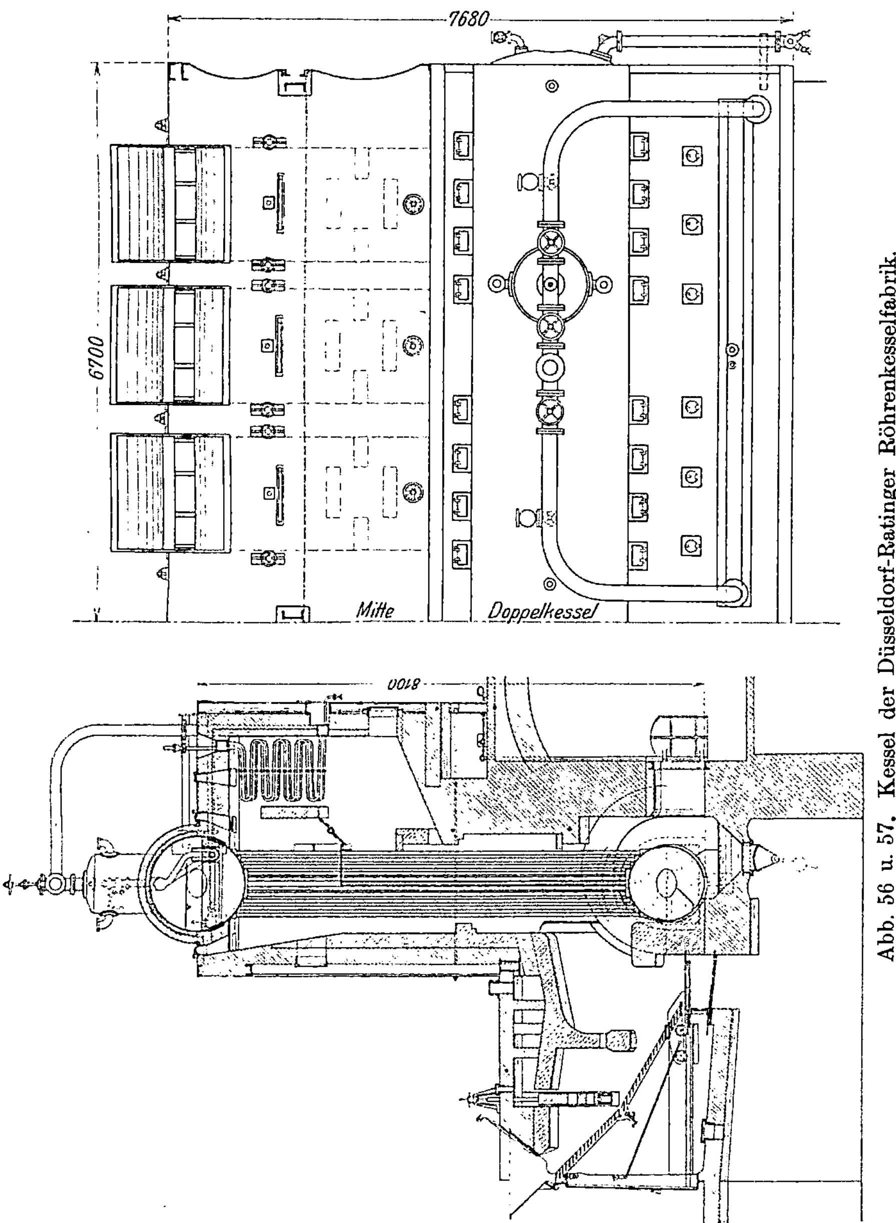

Abb. 56 u. 57. Kessel der Düsseldorf-Ratinger Röhrenkesselfabrik.

trizitätswerk Köpenick. In Köpenick[1]) wird der Klärschlamm mit 50 bis 60 $^0/_0$ Wasser auf Wirbelfeuerungsrosten der Gesellschaft für

[1]) Heine, E.T.Z. 09, 24. Juni, Z. 09, S. 1369.

industrielle Feuerungen m. b. H. ohne künstlichen Zug mit Erfolg verbrannt.

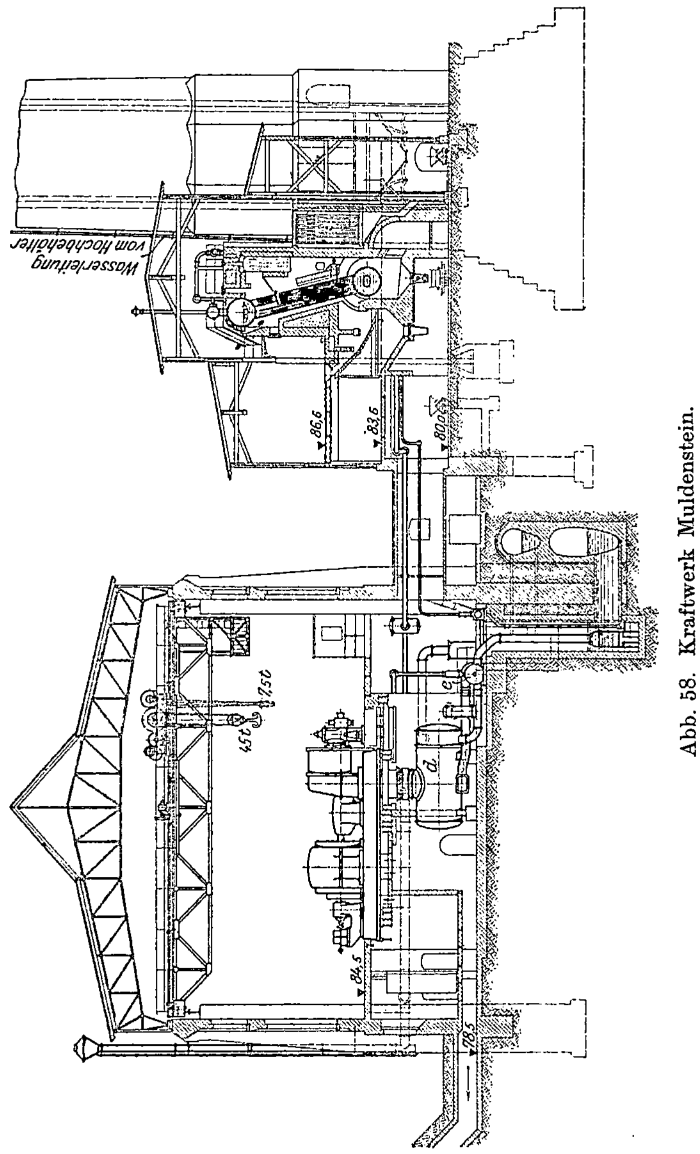

Abb. 58. Kraftwerk Muldenstein.

Bei der Disposition eines Kesselhauses für Verfeuerung von Brenntorf unter Dampfkesseln ist der Ausbildung der Feuerzüge und vor allem der Aschenkammer besondere Sorgfalt zu widmen.

Die Erfahrungen, die bei der Verbrennung schlechter Braunkohlen gesammelt sind, lassen sich ohne weiteres auf die Torffeuerung anwenden. Der Einbau von besonderen Flugaschenfängern, der sich bei älteren Dampfkesselanlagen, die Braunkohlen feuern, als erforderlich herausgestellt hat, um eine Belästigung der Nachbarschaft durch Flugasche zu verhindern, wird sich bei richtig disponierten Dampfkesselanlagen verhindern lassen. Man wird die Flugaschenfänge in die Kesselmauerung selbst hineinlegen. Eine gute Anordnung ist in dem Kraftwerk Muldenstein[1]) der Königlich Preußischen Eisenbahnverwaltung getroffen worden (Abb. 58). Sämtliche Räume, in denen sich Flugasche sammeln kann, müssen in den Betriebspausen geleert werden können. Es sind daher die Verschlüsse derart einzurichten, daß sie in wenigen Minuten geöffnet und wieder geschlossen werden können. Die Öffnungen selbst sind so anzuordnen, daß die Asche in Hängebahnwagen bzw. Feldbahnwagen direkt verladen werden kann, ohne eine mehrmalige Bewegung der Asche und Schlacke vornehmen zu müssen.

Was die Kesselbauart anbelangt, so kann natürlich jeder Wasserrohrkessel Verwendung finden. Da die Treppenrostfeuerung bei der erforderlichen großen Rostfläche sehr breit wird und die Länge des Rostes praktisch begrenzt ist, so ragt die Feuerung bei größeren Kesseln über die Kesselbreite hinaus. Es ist natürlich nicht möglich, auch den Kessel zu verbreitern, d. h. die Anzahl der Rohre in der horizontalen Ebene zu vermehren und in der vertikalen Ebene zu vermindern, da das Verhältnis in der Anzahl der Rohre in der horizontalen und vertikalen Ebene den Wirkungsgrad des Kessels beeinflußt. Wie aus den Abb. 59 und 60 ersichtlich ist, ist die Treppenrostfeuerung bei dem Kessel der Grube Ilse[2]) mit 327 m² Heizfläche schon breiter als das Mauerwerk des Kessels. Die Grenze für Kessel mit Treppenrosten dürfte zwischen 300 und 350 m² Heizfläche liegen.

Die in neuer Zeit immer mehr Anwendung findenden Steilrohrkessel zeigen diesen Nachteil nicht. Der Treppenrost läßt sich bequem in der Breite der Kesselmauerung unterbringen, wie die Abb. 56 und 57 zeigen, die einen Kessel von 412 m² Heizfläche und Überhitzer von 90 m² mit Halbgasfeuerung (System Keilmann & Völker) darstellen. Dieser Kesseltyp ist von der Düsseldorf-Ratinger Röhrenkesselfabrik für die Braunkohlen-Werke Wilhelma in Frechen mehrmals ausgeführt.

Die Wasserrohrkessel des Steilrohrtyps haben für Braunkohlenbzw. Torffeuerung außerdem den Vorteil, daß die Flugasche an den

---

[1]) Z. 11, S. 1915.
[2]) Z. 09, S. 262.

senkrecht stehenden Rohren sich nicht hält, daher eine häufige Reinigung von Flugasche nicht erforderlich ist.

Es dürfte unbedenklich sein, diese Kessel für noch größere Heizflächen zu bauen.

Wie aus den Nachweisen der Kessel- und Feuerungsfirmen ersichtlich ist, sind eine ganze Menge Dampfkesselanlagen mit Torffeuerung bereits im Betriebe, jedoch ist in der ganzen Literatur eine Veröffentlichung über wissenschaftliche Untersuchungen derartiger Kesselfeuerungen nichts zu finden. Die einzigste Untersuchung, die vorliegt, veröffentlicht H. Tonnemacher[1]). Es handelt sich dort um die Zentrale Wiesmoor der Siemens-Schuckert-Werke, Berlin.

Die Kesselanlage besteht aus vier Kesseln von je 300 m² Heizfläche und 100 bis 110 m² Überhitzerfläche. Der Rost ist als Treppenrost ausgebildet, zweiteilig unter 36° geneigt und hat eine freie Rostfläche von 8 m². Die Höhe des Schornsteins beträgt 40, der lichte obere Durchmesser 2 m. An Maschinen sind drei Drehstromturbodynamos des Siemens-Schuckert-Werks vorhanden von je 1550 KVA Leistung. Die Versuche, die im Dezember 1910 gemacht wurden, ergaben folgende Mittelwerte:

Überdruck in Atm.	12,1
Temperatur des überhitzten Dampfes °C	247,5
Verdampft wurden Wasser kg . . . . 44 982 bzw.	34 092
Verbrannt wurde Torf kg . . . . 15 266 „	14 209
Gehalt der Heizgase CO_2 %	12,8
„ „ „ $CO_2 + O$ %	19,6
Temperatur der Heizgase im Fuchs °C	330
„ „ Verbrennungsluft °C	28
Zugstärke über dem Rost mm Wassersäule	5,6
„ im Fuchs über der Klappe mm Wassersäule	8,3
„ „ Sammelfuchs	17,6
Temperatur des Speisewassers °C	47,7
Erzeugungswärme des Dampfes WE	653,6

Die Verdampfungsziffer errechnet sich daraus zu

$$\frac{44\,982 + 43\,092}{15\,216 + 14\,027} = 3{,}01 \text{ kg Dampf/kg Torf.}$$

Die nutzbar gemachte Wärmemenge pro kg Torf beträgt somit rd. 1967 WE.

Der Torf war im Jahre 1909 gestochen, besaß einen mittleren Heizwert von 2680 WE.

---

[1]) M. 11, S. 233—240.

Der Wirkungsgrad des Kessels errechnet sich zu

$$\frac{1967}{2680} = 73,5\ \%.$$

Garantiert waren $65\ \%$ bei einer Dampferzeugung von 5200 kg Dampf $= 17,3$ kg Dampf pro m² Heizfläche.

Im regulären Betriebe wurde eine durchschnittliche Verdampfungsziffer von 2,69 erreicht, entsprechend einem Wirkungsgrad des Kessels von $65,5\ \%$. Zur Verfeuerung gelangten ganze Soden. Die in den Tageszeitungen gemachten Mitteilungen, daß neben Torf auch Kohle verfeuert wurde, beruht darauf, daß die Leistungssteigerung der Zentrale derart zunahm, daß die vorhandene Torfmenge nicht ausreichte bzw. daß der Torfvorrat nicht bis auf den Rest aufgebraucht werden durfte.

Um den Rost von Asche und Schlacke zu reinigen, mußte er, falls der Torf zu sandig war, nach 6 bis 8 Stunden außer Betrieb gesetzt werden. Die Dauer der Entschlackung betrug ca. 55 Minuten pro Rost. Es wird daher ohne weiteres möglich sein, in großen Kraftwerken in den Stunden geringen Verbrauchs den Rost so zu reinigen, daß der Kessel 14 Tage bis 4 Wochen, wie es üblich ist, dauernd im Betriebe gehalten werden kann. Es ist sogar möglich, bei schwachem Betriebe der Kessel die Roste der Reihe nach zu entschlacken, so daß der Kessel von der Hauptdampfleitung nicht abgesperrt zu werden braucht. Der ausfahrbare Teilrost der Halbgasfeuerung der Firma Keilmann & Völker wird bei den Anlagen die Dauer der Entschlackung noch bedeutend verkürzen.

Als Bedienungspersonal genügten bei den obigen drei gleichzeitig im Betriebe befindlichen Kesseln ein Heizer und ein Arbeiter. Dem Vortrag[1]) des Geh. Oberregierungsrat Dr. Ramm: Über staatliche Kolonisation und industrielle Unternehmungen im Moor, sind teilweise obige Angaben entnommen.

Wie schon oben erwähnt, findet die schlechte Braunkohle, die für Brikettfabrikation nicht geeignet erscheint, als grubenfeuchte Rohkohle direkte Verwendung als Brennmaterial in großen Kraftwerken. Wir verweisen nur auf das Kraftwerk Muldenstein der K. P. E.-V., das so weit ausgebaut werden soll, daß es nicht nur zur Kraftlieferung für die Elektrisierung der Strecken Leipzig—Halle, Bitterfeld—Magdeburg, sondern auch zur Elektrisierung der Strecke Magdeburg—Berlin und der Berliner Stadt- und Ringbahn dienen soll.

Wir verweisen ferner auf die Versorgung der Stadt Köln von der Grube Fortuna aus, und auf die Kraftwerke des Eisenwerkes Lauchhammer, die bereits die Stromlieferung für den Elektrizitäts-

---

[1]) M. 10, S. 240.

verband Gröba, umfassend die Amtshauptmannschaften Döbeln, Großenhain, Oschatz und Meißen, aufgenommen haben. Auch die umliegenden preußischen Provinzen sollen von dort mit elektrischer Energie versorgt werden.

Es wird daher von großem Interesse sein, im Gegensatz zu oben angeführtem Versuch, einen Versuch[1]) wiederzugeben, der von Fuchs an einem Wasserrohrkessel der Braunkohlengrube Ilse angestellt wurde.

Der untersuchte Dampfkessel ist von der Firma L. & C. Steinmüller, Gummersbach geliefert und mit einer Treppenrostfeuerung der Firma Keilmann & Völker, Bernburg ausgerüstet. Die Gesamtanordnung ist aus den Abb. 59/60 ersichtlich. Die Abmessungen sind folgende:

Dampfkesselheizfläche . . . . 267,0 m²
Überhitzerfläche . . . . 87,8 „
Rostfläche . . . . 10,0 „

Der Brennstoff war Niederlausitzer Rohbraunkohle (Grube Renate), mittlere Zusammenstellung aus 5 Einzeluntersuchungen (Dr. Langbein und Dr. Gebek):

Kohlenstoff (C) . . . . 25,9 $^0/_0$
Wasserstoff (H) . . . . 2,07 „
Schwefel, verbrennlicher (S) . . . . 0,19 „
Wasser, hygroskopisch (H_2O) . . . . 58,10 „
Rückstände . . . . 2,37 „
Sauerstoff und Stickstoff als Rest (O + N) . . . . . 11,28 „
Heizwert, kalorimetrisch ermittelt . . . . 2019 WE

Beschaffenheit des Brennstoffes:

Koksausbeute . . . . 21,7 $^0/_0$
Teerausbeute . . . . 2,8 „
Gaswasser . . . . 62,9 „
Gasmenge als Rest . . . . 12,6 „

Verbrennungsgas:

Mittlerer relativer Feuchtigkeitsgehalt der Luft . . . 70 „
1 kg Verbrennungsluft enthält Wasserdampf . . . . 0,02 kg
Spezifische Wärme der Luft cp_m auf 1 kg . . . . . 0,239 WE
Theoretisch zur Verbrennung von 1 kg Brennstoff nötige
    Luftmenge . . . . 3,31 kg
Daraus sich ergebende Menge der Verbrennungsgase . 4,28 kg

---

[1]) Z. 09, S. 262 ff.

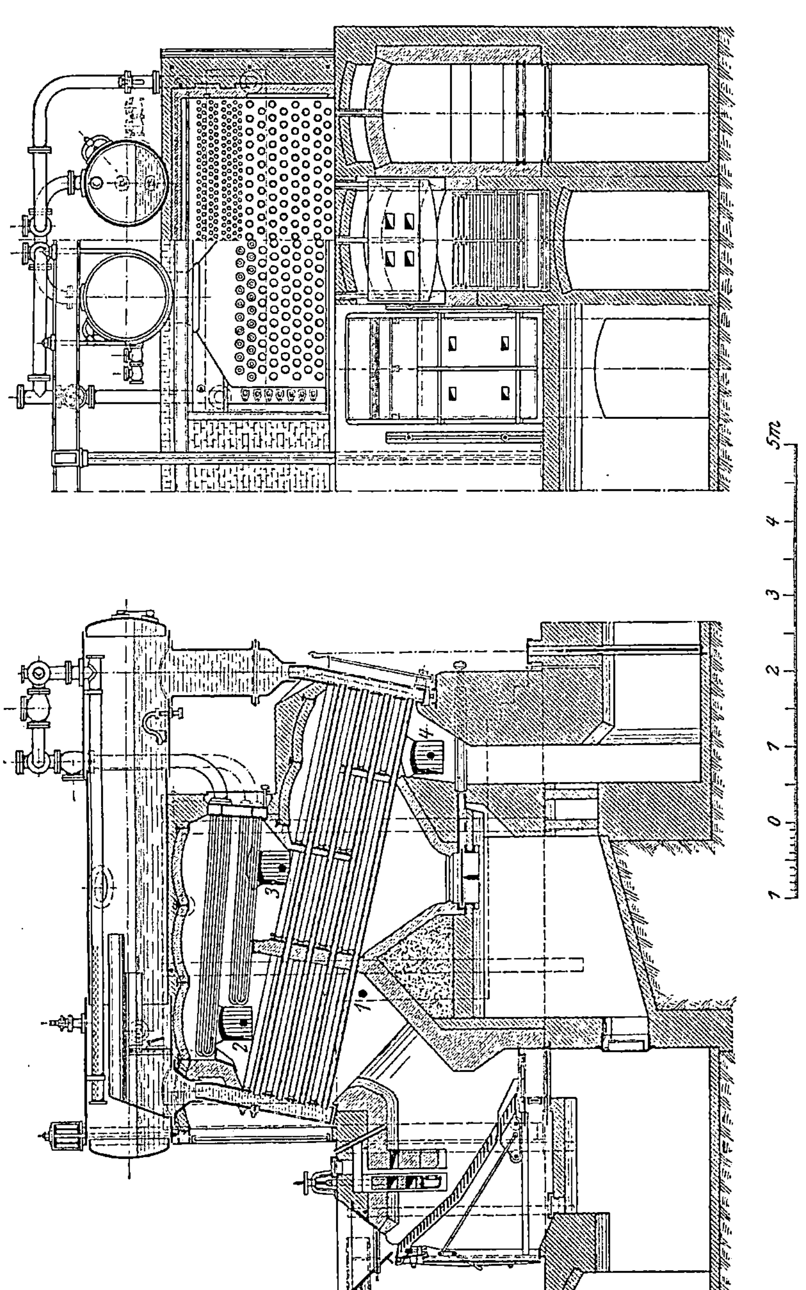

Abb. 59/60. Steinmüllerkessel der Grube Ilse.

Die nachfolgende Tabelle gibt Versuch III und V wieder, die in allen Daten durchgeführt sind:

	III	V
Kohlen für 1 Stunde und 1 m² Rostfläche kg .	247	329
Wasser verdampft für 1 Stunde und 1 m² Heiz-fläche kg	1919	2361
Temperatur des Speisewassers ⁰C	36,4	37,2
Dampfüberdruck kg	12,8	12,6
Temperatur des überhitzten Dampfes	356,2	383,3
Betriebsverdampfungsziffer kg	2,08	1,90
Auf 1 kg Brennstoff im Dampf nachgewiesene Wärmemenge WE	1489	1386

Zusammensetzung der Verbrennungsgase:

	III	V
CO_2 ⁰/₀	12,7	12,1
O	6,8	7,2
Als Rest (N)	80,4	80,7
Temperatur der Verbrennungsluft ⁰C	27	31
Zug am Ende der Heizfläche mm	12,2	20,2
Desgleichen am Anfang	5,9	10,6
Wirkungsgrad der Dampfanlage ⁰/₀	73,7	68,6
Temperatur der Verbrennungsgase am Ende der Heizfläche ⁰C	256	286

Der Wirkungsgrad dieser Kesselanlage bei 19 kg Dampf pro Stunde auf 1 m² Heizfläche mit 73,7 ⁰/₀ und bei 24 kg pro Stunde mit 68,6 ⁰/₀ ist außerordentlich günstig. Trotz der geringen Temperatur am Heizflächenende mit 256 und 286 ⁰C, werden durch die Heizgase 19,4 ⁰/₀ und 22,5 ⁰/₀ des Heizwertes der Brennstoffe mit den Verbrennungsgasen entführt. Die Temperaturen von 256 bis 286⁰ C lassen den Einbau eines Speisewasservorwärmers in entsprechender Größe für angebracht erscheinen. Das gleiche gilt von dem vorher genannten Versuch mit Torf.

Vergleicht man die beiden Versuche und berücksichtigt man, daß mittlerer Brenntorf einen höheren Heizwert besitzt als die Rohbraunkohle, und daß andererseits der Wassergehalt des Torfes im Durchschnitt niedriger liegt (s. S. 79), so erscheint der Torf als Feuerungsmaterial der Braunkohle ebenbürtig, zum Teil überlegen.

Sollte es möglich sein, durch eine geregelte Torfbeschaffung diesen Brennsroff zu einem angemessenen Preise zu erhalten, so würde dadurch die Fehnkultur gehoben und die Möglichkeit geschaffen werden, die Kultivierung der Moorländereien weiter zu steigern.

Wir müssen wiederholt betonen, daß nur erfahrene Ingenieure diese Ausnützung in die Hand nehmen sollten. Wir müssen wiederholt davor warnen, Geld unnütz für die „Veredelung" wegzuwerfen, wo man mit den einfachen Mitteln des Trocknens an der Luft ein Brennmaterial erhält, das allen Ansprüchen genügt.

Ebenso falsch ist es, neue Feuerungen „erfinden" zu wollen. Gewiß können durch systematische Untersuchungen an ausgeführten Anlagen die in Frage kommenden Verhältniszahlen festgestellt und korrigiert werden, gewiß können in der Ausgestaltung einzelner Teile Fortschritte gemacht werden. Die Unterschiede einer Feuerung für Braunkohle und Torf sind jedoch teilweise so gering, daß wohl jeder Feuerungsingenieur an Hand der vorhandenen erprobten Feuerungen Kesselanlagen auch für Torf richtig dimensionieren kann. Auf dem Gebiete der Torfverwertung ist bis jetzt zu viel erfunden worden. Teilweise rekrutieren sich die Erfinder aus Leuten, die mit den einfachsten Regeln der Ingenieurwissenschaft auf Kriegsfuß stehen.

Da die Torffrage in den nächsten Jahren noch brennender werden wird, da der Staat energisch die Kultivierung der Moore in die Hand nehmen will, ist es vor allem erforderlich, der Elektrizität und den zu erbauenden Kraftwerken Absatzgebiete zu schaffen bzw. zu erhalten, und hierzu müssen der Staat und die Selbstverwaltungsbehörden zusammenarbeiten.

Aufgabe unserer technischen Vereine wäre es, die ausgeführten Dampfkesselanlagen durch erfahrene Ingenieure eingehend untersuchen zu lassen, um die in Frage kommenden Verhältniszahlen festlegen zu können.

Der Verein zur Förderung der Moorkultur hat damit begonnen und im vorigen Jahre ein Laboratorium für die Untersuchung solcher Kesselanlagen geschaffen.

Bei der Anstellung der Beamten wäre darauf zu achten, keine „Erfinder" zu suchen, sondern praktisch erprobte, wissenschaftlich durchgebildete Ingenieure zu finden. Unseres Erachtens ist nichts zu erfinden, sondern es ist nur richtig zu disponieren.

In den nachfolgenden Zeilen geben wir eine Aufstellung von Kesselanlagen für Torffeuerung, von denen eine ganze Reihe eingehender wissenschaftlicher Untersuchung wert wäre.

Die Deutschen Babcock & Wilcok Dampfkessel-Werke A.-G. nennen folgende von ihnen ausgeführte Anlagen:

Ges. der Nikolski Manuf. Sawwa Morosow's Sohn & Co. in Orechowo-Sujewo, Gouv. Wladimir:

4 Kessel je 400 m² 16 Atm.
7　„　„ 374 „ 14　„
2　„　„ 292 „ 12　„
2　„　„ 265 „ 13　„

2 Kessel je 250 m² 13 Atm.
2 „ „ 150 „ 12 „

Reutowo Manuf. in Reutowo:

3 Kessel je 204 m² 12 Atm.
1 „ „ 265 „ 12 „

Ges. J. N. Simin in Dresna, Gouv. Moskau, für Orechowo-Zuevo:

8 Kessel je 265 m² 12 Atm.

Ges. Maljutin Söhne, Ramenskoe:

5 Kessel je 262 m² 13 Atm.

Ges. der Jegorjewschen Manuf. Baumwollspinnerei:

Gebr. A. & G. Chludow in Jegorjewsk, Gouv. Rjasan:

4 Kessel je 265 m² 12 Atm.
2 „ „ 132 „ 12 „

Die Firma Topf gibt als Referenzen für ausgeführte Anlagen mit Torffeuerung folgende an:

Franz Leckert, Brauerei Homel, Rußland.
Dr. Robert Poll, Ritterguts- und Brennereibesitzer, Louisenheim, Bez. Bromberg.
Fridafoos Fabriks Aktie-Bolag, Pappenfabrik, Malmö, Schweden.
Société des Papèteries, Warschau, Rußland.
Zuckerfabrik Andruschowka, Andruschowka, Rußland.
Robert Nass, Bauschreinerei, München-Thalkirchen.
Joh. Kohn & Co., Fabrik Wiener Möbel, Radom, Rußland.
The Griendtsveen Mosslitter Co. Ld., Rotterdamm, Holland.
Jos. Ingold, Griesenbach b. Wörth a. Isar.

c) Die Vergasung.

Allgemeines.

Es ist von jeher das Bestreben gewesen, die Krafterzeugung möglichst direkt aus den vorhandenen Brennstoffen vorzunehmen, ohne, wie es bisher in vorherrschendem Maße geschieht, die Brennstoffe unter Dampfkesseln zu verbrennen und mit dem erzeugten Dampf Dampfkraftmaschinen zu betreiben.

Die Versuche zur Erzeugung eines guten Kraftgases liegen sehr weit zurück und haben mit den hochwertigen Brennstoffen in kleineren Anlagen gute Erfolge erzielt, bei den minderwertigen Brennstoffen kann man jedoch von einem durchschlagenden Erfolge noch nicht sprechen. Selbst die Betriebe mit Großgasmaschinen, die die Abgase von Koksöfen bzw. Hochöfen verwenden, denen die Gase sozusagen kostenlos zur Verfügung stehen und die andernfalls in die Luft entweichen würden, scheinen trotz ihres günstigen Belastungsfaktors wirtschaftlich nur schwer mit Dampfbetrieben wetteifern zu können.

Die Vergasung minderwertiger Brennstoffe, wie Braunkohle, Torf, Holz, Abfälle aus der Zucker-, Oliven- usw. Industrie ist auch schon sehr lange in Angriff genommen, jedoch sind heute noch nicht derartige Erfolge erzielt, daß das Kraftgas aus diesen Stoffen im Großen Verwendung findet.

Die Herstellung von Generatoren für diese minderwertigen bituminösen Brennstoffe, die teilweise viel Schlacken bilden und Teer abscheiden, bereitet große Schwierigkeiten, trotzdem sich die in Frage kommenden Firmen jahrelang um Herstellung eines guten Generators bemühen.

Viel Aufmerksamkeit ist auch der Vergasung der Klaube- und Waschberge geschenkt worden, und es ist schon frühzeitig versucht worden, den in diesen Abfallstoffen der Kohlenindustrie enthaltenen Stickstoff gleichzeitig mit zu verwerten.

Auf die Gewinnung des Stickstoffes aus Torf werden wir noch eingehend zurückkommen, da dieser in der letzten Zeit in der Öffentlichkeit viel von sich hat reden lassen.

Abgase der Koksöfen.

Die Verwendung der Abgase der Koksöfen für Torf werden in der nächsten Zeit kaum eine Bedeutung gewinnen. Der Preis für 1 t Torfkoks, der zwischen 20 bis 60 M. schwankt, ist noch so hoch, daß er nicht mit dem Steinkohlenkoks konkurrieren kann. Von den gebauten Torfkoksfabriken sind fast alle eingegangen, nur die Fabrik der „Torfkoks-G. m. b. H." Elisabethfehn, Oldenburg scheint vorwärts zu kommen.

Ziegler war der erste, der die Koksöfen derart durchkonstruiert hatte, daß sie sich für Großbetriebe eignen.

Selbst wenn es möglich sein sollte, durch Gewinnung der Nebenprodukte entsprechend den Rechnungen von Jabs[1] den Torfkoks zu billigeren Preisen auf den Markt zu bringen, dürfte das Gas für die Kraftgewinnung nicht in Frage kommen, da ungefähr $45^0/_0$ des erzeugten Gases zum Heizen der Retorten verbraucht werden und

---

[1] Jabs, Torfkoks und Kraftgas.

von dem Rest ein weiterer Anteil für die mechanischen Betriebe benötigt wird.

Wir kommen noch im Anschluß an die Stickstoffgewinnung auf die Koksofengase zurück.

Generatorgas.

Die Vergasung von Torf hat in den letzten Jahren erst an Bedeutung gewonnen. Es sind bereits einige Anlagen ausgeführt und sie haben sich bis jetzt im Betriebe bewährt. Man kann vorläufig noch nicht davon sprechen, daß die Frage der Torfvergasung vollständig einwandfrei gelöst ist, jedoch sind die bis jetzt vorhandenen Erfolge für die Vergasung des Torfes zu neuen und großen Versuchen durchaus ermunternd.

Sämtliche deutsche Firmen, die sich mit dem Bau von Gasgeneratoren beschäftigen, wir nennen nur Gebrüder Körting, Hannover; Görlitzer Maschinenbauanstalt, Görlitz; Pintsch, Fürstenwalde; Maschinenbauanstalt A. G. Luther, Braunschweig; Gasmotorenfabrik Köln-Deutz und natürlich auch sämtliche ausländische Firmen haben den Bau von Versuchstorfgeneratoren aufgenommen, jedoch ist über definitive Erfolge nur von wenigen zu hören. Soweit uns bekannt, ist es nur die Görlitzer Maschinenbauanstalt, die deutsche Mondgasund Nebenproduktengesellschaft und die Firma Crossley Brothers, Manchester-Openshaw, die im Betriebe praktische Erfolge erzielt haben.

Der große Wassergehalt des lufttrockenen Torfes und die in dem Gase enthaltenen Teere haben bewirkt, daß lange Zeit vergeblich daran gearbeitet wurde, einen geeigneten Torfgasgenerator zu bauen. Die Torfgasgeneratoren werden hauptsächlich als Generatoren ohne Mischgas ausgeführt, weil der vorhandene hohe Feuchtigkeitsgrad bei Einblasen von weiterem Wasserdampf die Temperatur zuweit erniedrigte, um einen guten Wirkungsgrad zu erhalten.

Nur bei den Generatoren mit Nebenproduktengewinnung ist es erforderlich, Wasserdampf einzublasen, um Temperaturen von höchstens 400 bis 450° C zu erhalten, weil bei höheren Temperaturen die Ammoniakverbindungen sich zersetzen.

Die Generatoren werden hauptsächlich als Sauggasgeneratoren ausgebildet, falls es sich nur darum handelt, Kraftgas zu liefern. Die Firma Crossley Brothers wendet jedoch bei ihren reinen Kraftgasgeneratoren einen Ventilator an, um Luft und Gas durch den Generator zu saugen und einem Gasbehälter bzw. den Maschinen zuzudrücken.

Von den deutschen Fabrikaten wäre zunächst der Sauggaserzeuger der Firma Julius Pintsch Aktiengesellschaft[1]) zu erwähnen.

---

[1]) Fischer, Kraftgas, S. 151; Stahl und Eisen 06, 1. Juli.

Der Generator unterscheidet sich von den anderer Bauarten dadurch, daß nur ein Feuer vorhanden ist. Der Brennstoff gelangt von der Einfüllöffnung (Abb. 61—62) in ein unten offenes Rohr A, das als Retorte zum Entgasen des Brennstoffes dient. Der Koks fällt aus dem Rohr A heraus und wird im unteren Teile des Schachtes B in gleicher Weise vergast, wie bei den gewöhnlichen Sauggasgeneratoren, die mit Koks oder Anthrazit arbeiten. Durch die Saugwirkung der Gasmaschine tritt Luft durch das Rohr C und den Rost D zum glühenden Brennmaterial H und wandelt hier den festen Kohlenstoff in brennbares Gas um, das durch das Rohr F zum Verdampfer G und von hier zum Reiniger strömt.

Das Gas gibt in dem Verdampfer einen Teil seiner Wärme an das Wasser ab. Der dadurch gebildete Wasserdampf dient zum Absaugen des in dem Rohr A aus dem frischen Brennstoff entstehenden Destillations-Gases. Der Dampf strömt mit einer Spannung von 0,1 bis 0,2 Atm. durch das Strahlgebläse J und das Rohr K unter den Rost des Schachtes B und reißt nicht nur die in A gebildeten und durch das Rohr L zuströmenden Destillationsprodukte mit sich fort,

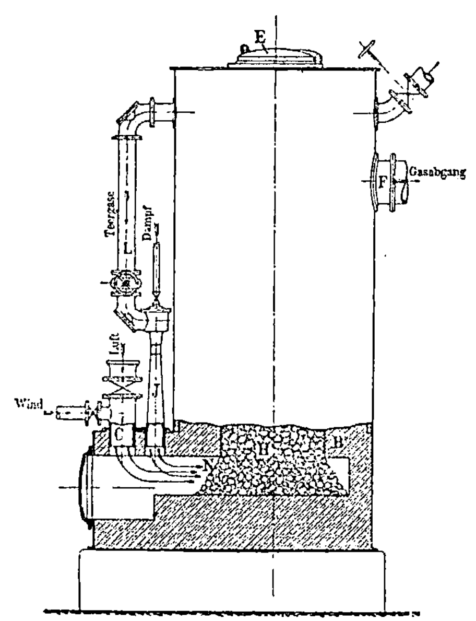

Abb. 61. Torfgenerator. Bauart Pintsch.

Abb. 62. Torfgenerator. Bauart Pintsch.

sondern saugt auch einen großen Teil des im Schachte B erzeugten Gases durch das Rohr A ab, um es ebenfalls unter den Rost B zu führen. Dieses Gas durchdringt in heißem Zustande das im Rohr A befindliche Brennmaterial und entgast es so vollständig, daß am unteren Ende des genannten Rohres nur reiner Koks ankommt. Unter dem Roste D werden die von dem Strahlgebläse zugeführten Gase mit Luft gemischt und alsdann vollständig zu Kohlensäure und Wasserdampf verbrannt. Die dabei entstehenden Verbrennungs-

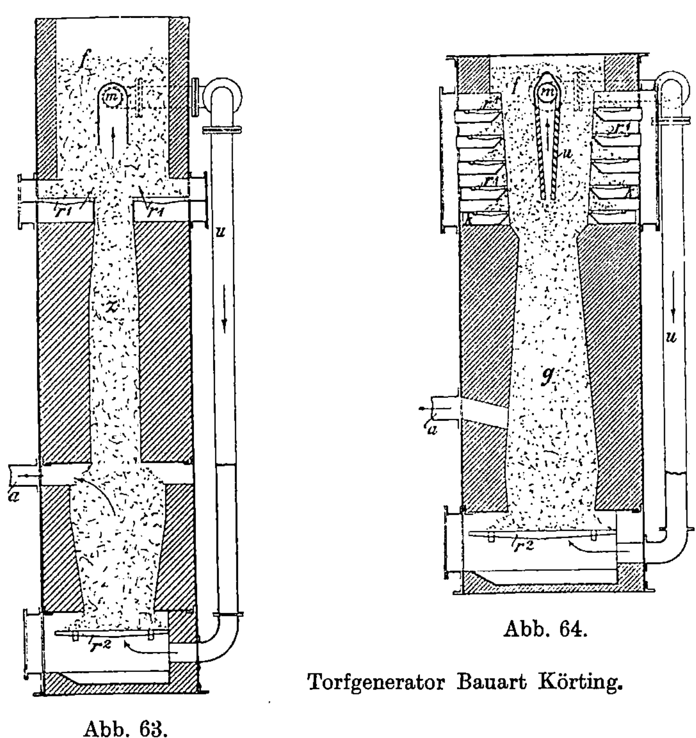

Abb. 63.

Abb. 64.

Torfgenerator Bauart Körting.

produkte und der die Zuführung der Gase bewirkende Wasserdampf dringen im Gemisch mit überschüssiger Luft durch den Rost in den glühenden Koks des Schachtes B, wo eine Reduktion der Kohlensäure und des Wasserdampfes zu Kohlenoxyd und Wasserdampf stattfindet. Durch die Verbrennung werden alle in den Destillationsgasen enthaltenen Teere beseitigt.

Die Inbetriebsetzung des Generators erfolgt mittels eines Gebläses und Abführung der Verbrennung durch Rohr M ins Freie. Bei Verwendung von Torf wird das Strahlgebläse J mit Preßluft von 0,1 bis 0,2 Atm. Spannung getrieben und der Verdampfer G durch einen Luftvorwärmer ersetzt.

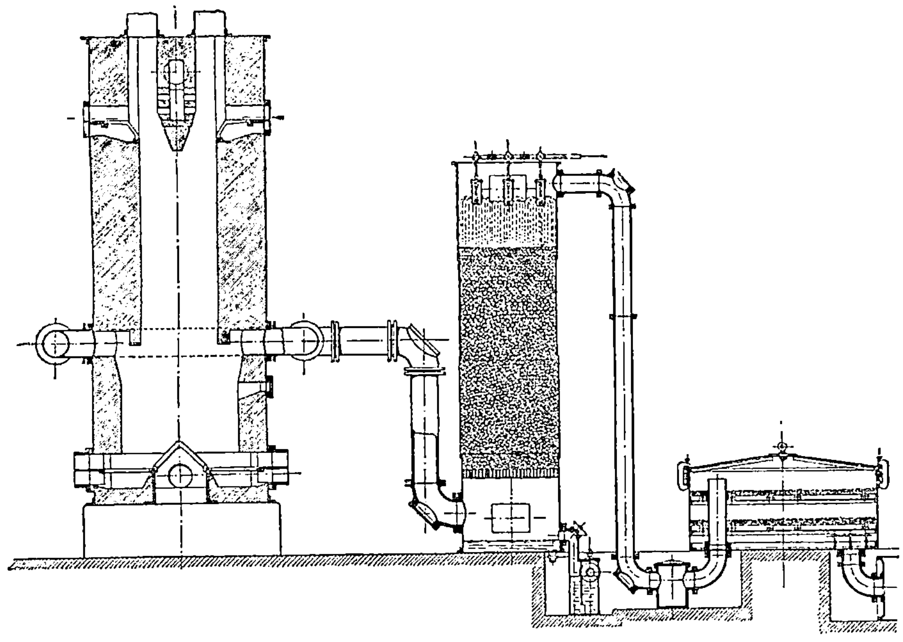

Abb. 65. Torfgenerator Bauart Körting.

Die Generatoren sind für Braunkohlen bereits ausgeführt, jedoch liegen Versuchsergebnisse, vor allem Versuchsergebnisse für den Betrieb mit Torf noch nicht vor.

Die Firma Gebrüder Körting, Aktiengesellschaft, baut einen Generator[1]) für Torf mit oberer und unterer Luftzuführung (D.R.P. Nr. 164571) (Abb. 63—66). Die in der oberen Brennzone abgeschiedenen bzw. durch teilweise Verbrennung des in den Füllschacht f eingeschütteten Brennstoffes entstehenden Gases strömen in bekannter Weise durch den eigentlichen Schacht selbst und den in diesem enthaltenen bereits verkokten glühenden Brennstoff abwärts dem in der Mitte angeordneten Gasabzug a zu. Im unteren Teile des Gaserzeugers ist ein Rost r_2, im oberen Teile sind zwei wagerechte Roste r_1 ein-

Abb. 66.

---

[1]) Fischer, Kraftgas, S. 197—199.

ander gegenüber angeordnet. Die Aschenfälle der letzteren sind als Kästen ausgebildet, die die Roststäbe tragen und auf einem Vorsprunge des Schachtmauerwerkes ruhen, so daß man durch Verschieben der Kästen die Feuerstellen mehr oder weniger in den Kegel des durch den Füllschacht f zugeführten Brennstoffes schieben kann. Die Anzahl der oberen Roste kann, wie Abb. 68 zeigt, auf das Vielfache erhöht werden. Sie können entweder schräg oder horizontal eingebaut werden. Ein Teil der im oberen Schacht entstehenden Schwefelgase kann bei m abgesaugt und durch ein Umführungsrohr der unteren Verbrennungsstelle zugeführt werden.

Die Roste r_1 sind derart angeordnet, daß sie von dem Füllschacht, der sich an den Generator oben anschließt, beständig mit Brennstoff beschickt werden, der durch die zugeführte Luft zu seinem wesentlichen Teile zu Kohlensäure und Wasserdampf verbrannt wird. Die Verbrennungsgase durchziehen die Brennstoffsäule, die in den beiden Längshälften des Schachtes zwischen den Rosten und den durchbrochenen Wänden langsam herabsinkt und dadurch allmählich erhitzt, getrocknet und schließlich unter Austreibung der flüchtigen Bestandteile verkokt wird.

Die in der oberen Feuerung des Gaserzeugers durch Verbrennung gewonnenen Gase werden (Abb. 66) nach außen zur Kühlung dem unteren Rost zugeführt und so der Reduktionszone des Gaserzeugers zugeleitet. Der über dem Rost h liegende Koksvergasungsschacht e mit dem Gasabzuge d ist von den beiden oberen Rosten a und b für die Schwelgaserzeugung durch einen längeren Zwischenschacht getrennt. Die durch f abgeführten Schwelgase werden im Rohr g durch die im Mantel i aufsteigende Luft gekühlt.

Die Inbetriebsetzung des Generators geschieht durch einen Gasbrenner, der in einem Entlüftungsschacht in dem Brennstoffzuführungsrohr eingebaut ist. Sobald der Generator warm geblasen ist, wird die Leitung nach der freien Luft geschlossen und die Maschine auf den Generator geschaltet. Von diesen Generatoren[1] ist je ein Generator für 125 PS und einer von 150 PS in Röslatt in Skabersjö, Schweden, aufgestellt. Für die PS-Stunde eff. wird verbraucht 1,12 kg Torf bei einem Feuchtigkeitsgehalt von 39,71 %. Die Zusammensetzung des Torfes und des Gases beträgt:

Torf:

Feuchtigkeitsgehalt . . . . 29,0 %

Asche . . . . 6,1 %

Kohlenstoff . . . . 37,5 %

---

[1] Turfvergassing, S. 46. Z. 06, S. 917.

Wasserstoff . . . . 3,7 %
Sauerstoff und Stickstoff . . . . 23,7 %
Heizwert 1187 WE.

Gas nach Brauss (I) und J. Körting (II):

	I	II
Kohlensäure	11,2	16,0
Kohlenoxyd	17,0	12,3
Methan	6,2	1,9
Wasserstoff	5,9	22,4
Sauerstoff	0,3	0,2
Stickstoff	59,4	47,1

Die Generatoren eignen sich selbst für ein Feuchtigkeitsgehalt von ca. 40 %. Die Temperatur des Gases beim Verlassen des Generators beträgt 400 bis 600° C. Die Reinigung des Gases geschieht durch einen Koks- und Sägespänereiniger.

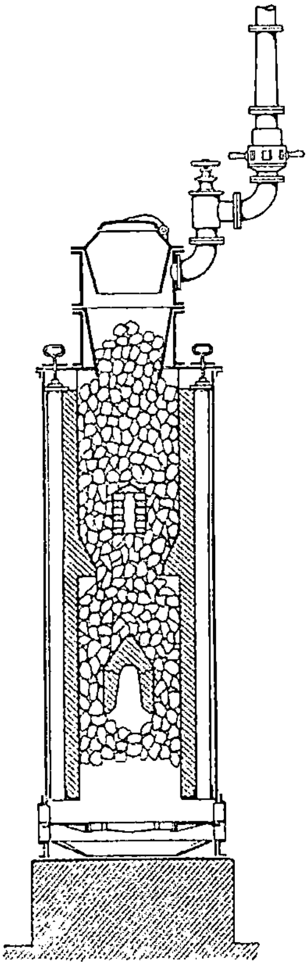

Abb. 67.

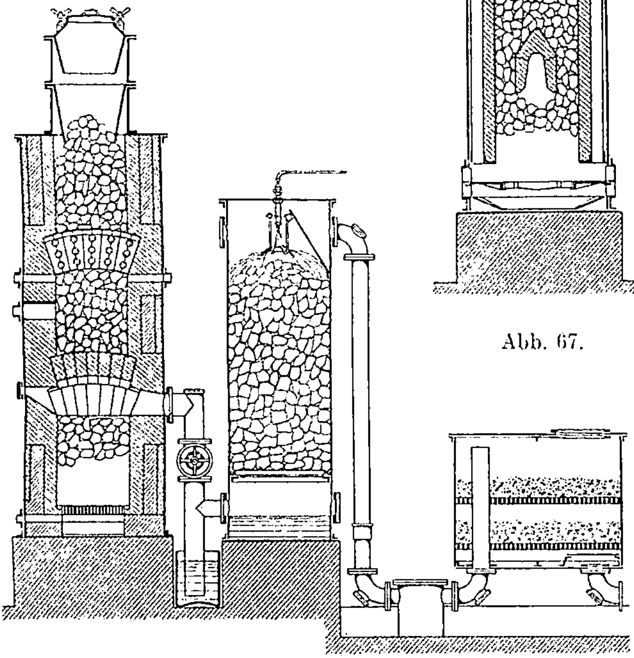

Abb. 68.

Abb. 67 u. 68. Torfgenerator Bauart Luther.

Eine Generatoranlage für Torfgas der Firma G. Luther, Aktiengesellschaft, Braunschweig gibt uns Fischer[1]) nach Mitteilungen der Fabrik (Abb. 67—68). Die Generatoren sind geeignet[2]), Torf bis 40% Wassergehalt zu vergasen. Der Verbrauch an Torf wird mit 1,05 kg für große und 1,2 kg für kleine Anlagen angegeben. Der Feuchtigkeitsgehalt des Torfes betrug 26,35% mit 4,08% Asche. Das Gas hatte einen Heizwert von 1184 WE und der Verbrauch pro PS-Stunde bei diesem letzten Torf 0,883 kg.

Die Gasmotorenfabrik Deutz beschäftigt sich gleichfalls mit dem Bau von Torfgeneratoren, jedoch sind Veröffentlichungen über die Erfolge bis jetzt nicht erschienen. Die Firma gibt an, daß Torf bis 22% Feuchtigkeitsgehalt in dem Doppelgenerator vergast werden kann. Torf mit mehr als 22% Wassergehalt will die Firma in Einfeuergeneratoren vergasen, da die obere Brennzone nach ihren Erfahrungen bei Torf nicht bestehen kann. Das Gas enthält viele teerige Bestandteile, so daß eine besondere Reinigungsvorrichtung erforderlich wird.

Der Generator der Görlitzer Maschinenbauanstalt, Aktiengesellschaft, scheint nach allen Berichten, die bis jetzt vorliegen, von den deutschen Fabrikaten der am weitesten durchkonstruierte und im Betriebe erprobte zu sein[3]). Eine Darstellung eines Generators für 750 bis 1000 PS geben wir in Abb. 69. Die im Torf enthaltenen Teerbildner werden, wie bei dem Generator von Körting und Pintsch, gleichfalls dadurch entfernt, daß sie durch den heißen Koks der Reduktionszone geführt und zersetzt werden.

Der frische Brennstoff und die Vergasungsluft werden von oben zugeführt und unten in der Mitte des Vergasungsschachtes abgeleitet. Der Gaserzeuger nimmt die Verbrennungsluft aus einem Kanal, in dem die Gasleitung verlegt ist und das warme Skrubberwasser abfließt. Die Luft wird also vorgewärmt und durch das Rohr a, das von den heißen Gasen umgeben ist, weiter erhitzt und tritt so oben in den Vergasungsschacht ein. Ein anderer Teil der Verbrennungsluft geht durch die Füße des Gaserzeugers in den ihn umgebenden Doppelmantel, verhindert dort Verluste durch Ausstrahlung und tritt normal oben durch die Umschaltungsvorrichtung c in den Vergasungsschacht. Durch diese Anordnung wird die Luft vorgewärmt unter Benutzung eines Teiles der abziehenden Gase und trocknet den Torf in dem oberen Teile des Generators. Die Verbrennungsluft und die sich bildenden Schwelgase müssen in jedem Falle die glühenden

---

[1]) Fischer, Kraftgas, S. 202.
[2]) Turfvergassing, S. 53.
[3]) Z. 11, S. 369.

Koksschichten von oben nach unten durchstreichen und werden auf diesem Wege in hochwertige Gase zersetzt.

Die Anordnung der Luftführung und der Wiedergewinnung eines Teils der Wärme der Abgase stellt eine konstruktiv sehr günstige Lösung bei diesem Generator dar. Für den Fall, daß der Wassergehalt sehr hoch ist, wird durch teilweise Umschaltung der Verbrennungsluft nach einem zweiten Verfahren gearbeitet, bei dem sich die Verbrennung in eine im oberen Teile und in eine, die nach unten geht, scheidet.

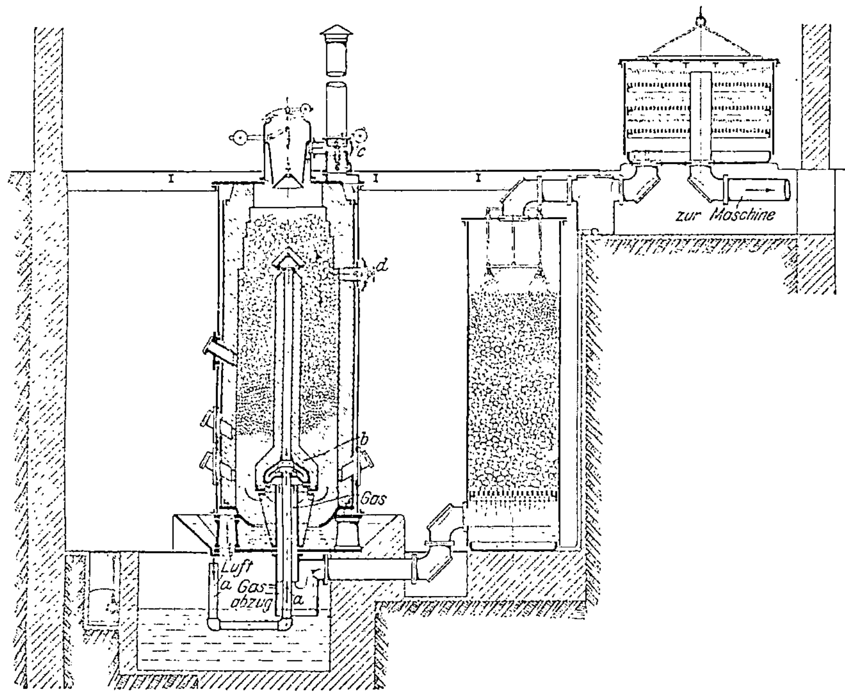

Abb. 69. Torfgenerator der Görlitzer Maschinenbauanstalt.

Die Bedienung des Gaserzeugers muß als einfach und sehr bequem bezeichnet werden. Sobald das Feuer oben im Gaserzeuger verschwindet, öffnet der Heizer den Schornstein und das Ventil *d*. Das Ventil *c* schließt dann den Lufteintritt ab und die im Doppelmantel vorgewärmte Luft tritt durch das Ventil *d* in den Vergasungsschacht ein. In der Höhe des Ventils *d* entsteht jetzt durch Saugwirkung der Maschine eine nach unten gehende, sowie durch den Schornsteinzug eine nach oben gehende Verbrennung, und der Wasserdampf kann durch den Schornstein entweichen. Sobald das Feuer oben durchbrennt, kann wieder umgeschaltet werden.

Das Abschlacken und Ascheziehen kann bei diesem Gaserzeuger jederzeit während des Betriebes erfolgen und geht ohne jede Staubentwicklung vor sich. Ob eine Verschlackung der Generatorwände bzw. des Luftzuführungsrohres eintritt und ob dadurch häufige bzw. langfristige Außerbetriebsetzung eintreten muß, entzieht sich unserer Kenntnis und ist erst im praktischen Dauerbetriebe zu erproben.

Dr. L. C. Wolff[1] berichtet über einen Versuch an einer Torfgasanlage der Görlitzer Maschinenbauanstalt am 14. Juli 1910.

Torf:

Feuchtigkeit . . . . $= 45{,}54\ \%$

Asche . . . . $= 2{,}51\ \%$

Fester Kohlenstoff . . $= 16{,}39\ \%$ $C = 29{,}06\ \%$

Flüchtige Bestandteile . $= 35{,}56\ \%$ $H = 3{,}06\ \%$

     $S = 0{,}09\ \%$

Brennbare Substanz . . . $= 51{,}95\ \%$ $O = 19{,}56\ \%$

     $N = 0{,}18\ \%$

Koksausbeute . . . . . $= 18{,}90\ \%$ $100{,}00\ \%$

Heizwert kalorimetrisch . . . . 2360 WE

Verbrennungswärme des wasser- und aschenfreien Torfes . . . . 5388 „

Das trockene Torfgas enthielt im Mittel					Darin sind kg/m³			
in 1 cbm	Gasart	kg/m³	kg	Gew. %	C	O_2	H_2	N_2
0,1474	CO_2	1,967	0,2899	25,59	0,0791	0,2108	—	—
0,0018	C_4H_8	1,890	0,0034	0,30	0,0029	—	0,0005	—
0,0028	O_2	1,430	0,0040	0,35	—	0,0040	—	—
0,1925	H_2	0,090	0,0173	1,53	—	—	0,0173	—
0,0086	CH_4	0,719	0,0062	0,55	0,0047	—	0,0015	—
0,1496	CO	1,252	0,1873	16,53	0,0803	0,1070	—	—
0,4973	N_2	1,256	0,6247	55,15	—	—	—	0,6247
1,0000 m³ Torfgas wiegt 1,1328 kg und enthält kg:					0,1670	0,3218	0,0193	0,6247
(Heizwert $= 1028$ WE/m³) oder Gew. %: .					14,75	28,40	1,70	55,15

Die schweren Kohlenwasserstoffe sind als Butylen C_4H_8 angesehen.

Die Ergebnisse des Versuches sind folgende:

Dauer des Versuches . . . . 8 St.

Mittlere Belastung . . . . 109,2 KW

<hr>

[1] M. 10, S. 325 ff. Z. 11, S. 370.

Mittlere Leistung der Gasmaschine . . . . . 182,84 PS_e
Uml./min im Mittel 154,58
Mittlerer indizierter Druck im Zylinder vorn   3,52 Atm.
  „   „   „   „   „ hinten   3,39 „
Mittlere indizierte Leistung vorn   . . . . . 109,75 PS_i
  „   „   hinten . . . . . 105,70 „
Gesamtleistung . . . . 215,45 „
Mittlerer Verpuffungsdruck vorn . . . 16,75 ⎫
  „   „   hinten . . 16,00 ⎬ 16,40 Atm.
Kompressions-Endspannung vorn . . . 9,4 ⎫
  „   „   hinten . . 10,5 ⎬ 10,00 „
Unterdruck des Saughubes vorn . . . 0,25 ⎫
  „   „   „   hinten . . 0,31 ⎬ 0,28 „
Vergaste Torfmenge in 8 St. . . . . 1696 kg
  „   „   . . . . 1,94 kg/KW-St.
  „   „   . . . . 1,16 kg/PS_e-St.
  „   „   . . . . 0,98 kg/PS_i-St.
Wirkungsgrad des Gasmotors, der Seilübertra-
    gung und des Stromerzeugers . . . . . 66,4 %
Wirkungsgrad der Generatormenge . . . . . 75 %
    „   „   Gesamtmenge . . . . . . 50 %
Thermischer Wirkungsgrad . . . . 18,7 %

Auf der Ostdeutschen Industrie- und Gewerbeausstellung Posen 1911 war von der Görlitzer Maschinenbauanstalt eine komplette Torfgas-anlage ausgestellt, die von Professor Dr.-Ing. H. Baer untersucht wurde[1]. Wir entnehmen dem Aufsatz folgende Daten:

	Versuch 1	Versuch 2
Datum der Versuche	19. 7. 11.	20. 7. 11.
Versuchsdauer	8 Std. 3 Min.	8. Std. 11 Min.
Elektrische Leistung am Schaltbrett KW	166,2	88,1
Wirkungsgrad der Dynamo (ange-nommen) . . . . %	92,5	91
Wirkungsgrad des Lenixantriebes nach Angabe der Erbauer . . . . . %	94	91
Nutzleistung . . . . PS	260	146,4
Umdrehungen pro Minute	146,8	159,4
Indizierte Leistung . . . . PS	314	182,8
Stündlicher Torfverbrauch . . . . kg	258	212,3

[1] Z. 12, S. 558 ff., Maschinen-Zeitung 11, Nr. 24.

	Versuch 1	Versuch 2
Torfverbrauch für 1 KW-St. am Schaltbrett gemessen	1,55	2,41
do. do. für 1 PS_e-St.	0,99	1,45
do. do. „ 1 PS_i-St.	0,82	1,86
Heizwert des Torfes . . . . . WE/kg	3949	3949
Wassergehalt des Torfes . . . . . . $^0/_0$	23,4	23,4
Unterer Heizwert der Gase . WE/m³	1028	1003
Bei einem Torfpreise von 4 M. pro Tonne ergeben sich die Brennstoffkosten für		
1 KW/St. am Schaltbrett . . . Pf.	0,62	0,96
1 PS_e-St.	0,40	0,58

Zusammensetzung des Gases:

	Versuch 1	Versuch 2
Methan	1,35 $^0/_0$	1,74 $^0/_0$
Schwere Kohlenwasserstoffe	0,11 $^0/_0$	0,15 $^0/_0$
Wasserstoffe	17,13 $^0/_0$	17,00 $^0/_0$
Kohlenoxyd	15,85 $^0/_0$	12,80 $^0/_0$
Sauerstoff	1,02 $^0/_0$	1,31 $^0/_0$
Kohlensäure	12,34 $^0/_0$	14,00 $^0/_0$
Stickstoff	52,20 $^0/_0$	53,00 $^0/_0$

Der verhältnismäßig hohe Gehalt an Kohlensäure und Sauerstoff ist auf eine undichte Stelle in der Gasleitung hinter dem Gasmotor zurückzuführen. Der Brennstoffverlauf würde bei dichter Leitung günstiger sein.

Man kann behaupten, daß Generator und Gasmaschine der A.-G. Görlitzer Maschinenbauanstalt für Betriebe bis 1000 PS jeder anderen Kraftmaschine wirtschaftlich, auch was den Betrieb anbelangt, ebenbürtig sind.

Fischer[1]) gibt bei einem Torfgenerator, der in Jekaterinburg in Rußland aufgestellt ist, folgende Werte für das entstehende Gasgemisch:

Kohlensäure	17,0 $^0/_0$	und	15,0 $^0/_0$
Schwere Kohlenwasserstoffe	0,4 $^0/_0$	„	0,2 $^0/_0$
Sauerstoff	1,5 $^0/_0$	„	0,4 $^0/_0$
Kohlenoxyd	8,8 $^0/_0$	„	9,45 $^0/_0$
Methan	1,87 $^0/_0$	„	4,22 $^0/_0$
Wasserstoff	16,95 $^0/_0$	„	16,55 $^0/_0$
Stickstoff	53,48 $^0/_0$	„	53,38 $^0/_0$

Von Konstruktionsvorschlägen bzw. Patenten wollen wir nun noch einige anführen, da die übrigen bedeutungslos sind.

---

[1]) Fischer, Kraftgas, S. 204.

Das D. R. P. Nr. 176 233 zeigt eine Anordnung nach E. Stauber
und R. Buch[1]) Der Schacht a (Abb. 70) wird mit Torf beschickt,
dieser entzündet und so lange angefacht, bis die unteren Schichten
glühend werden. Der sich infolge der Wärmeentwicklung in dem
Behälter f bildende Dampf bläst durch die Düse i in den Stutzen h
ein und saugt hierbei die Luft an. Das entwickelte Gas gelangt in
das Rohr k und wird durch dieses hindurch dem Sammelrohr l zugeführt. Gleichzeitig tropft aus dem Rohr r beständig Wasser in
das Rohr k. Ein Teil der Teerdämpfe schlägt
sich nieder und fließt durch das Rohr s in
den Behälter v ab. Beim Durchgang der Gase
durch den im Schacht a liegenden heißen
Rohrstrang soll eine Zersetzung der im Gas
noch vorhandenen Teerdämpfe stattfinden.

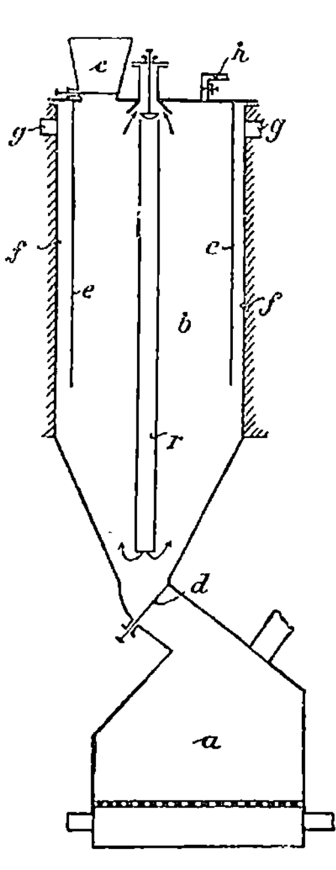

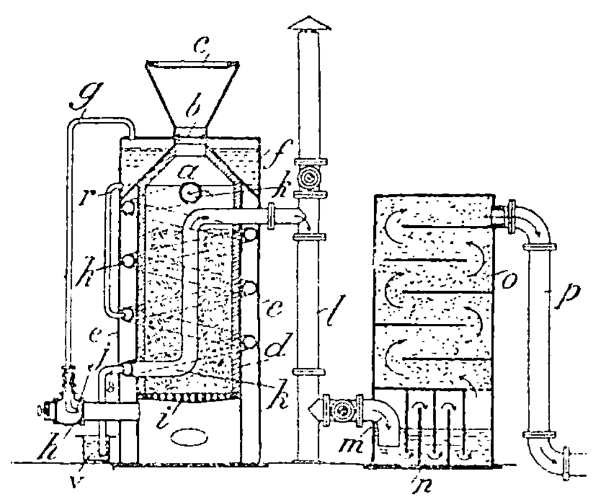

Abb. 70. Torfgenerator.
D.R.P. 176 233.

Abb. 71. Torfgenerator.
D.R.P. 176 231.

Von weiteren Generatoren für Torf mögen noch diejenigen von
P. Hoering und W. Wielandt D.R.P. Nr. 176 231 genannt werden[2]). Der
Erzeuger (Abb. 71) besteht aus einem Vergaser a und einem Retortenofen b, in welchen der zunächst zu vergasende bzw. zu verkokende Brennstoff durch einen Trichter c aufgegeben wird. Zwischen dem Retortenofen und dem Vergaser ist ein Schieber d angeordnet. In den kegel-
förmigen Teil ragt ein mittleres Rohr r hinein, durch welches die
aus dem Brennstoff in der kälteren Zone der Retorte entwickelten
Wasserdämpfe abwärts geleitet und gezwungen werden, auf dem

---

[1]) Fischer, Kraftgas, S. 199 bis 200,
[2]) Fischer, Kraftgas, S. 200.

Wege zu den Kanälen f den glühenden bereits entgasten Brennstoff zu passieren. Die Wasserdämpfe nehmen dabei die in dem verkokten Brennstoff enthaltene Wärme auf und geben sie in den Kanälen f durch die Scheidewände e zum Teil an den Inhalt der Retorte wieder ab.

Ein weiterer Generator ist in der Patentschrift Nr. 165611 dargestellt, eine genaue Beschreibung dieses Generators ist in Jabs, „Über Torfdestillation und Torfverwertung" enthalten. Der Generator ist ebenso wie der Generator des Rechtsanwalts Born in Lankwitz[1]) noch nicht ausgeführt.

Die konstruktive Durchbildung der zuletzt genannten Generatoren dürfte sehr schwierig sein.

Von Generatoren des Auslandes dürfte nur der Generator der Firma Crossley Brothers Ltd., Manchester-Openshaw für uns von größerer Bedeutung sein, da die Generatoren bereits ausgeführt und sich nach den Berichten in den Zeitschriften im Betriebe als gut erwiesen haben.

Während bei den deutschen Generatoren die Konstruktion derartig ist, daß die Teerdämpfe möglichst in der Reduktionszone des Generators zersetzt werden, geschieht die Absonderung der Teerdämpfe bei diesen Generatoren durch einen rotierenden Teerabscheider, der Teer selbst wird in einer Nebenproduktgewinnung verwertet bzw. wird das Teerwasser an Fabriken, die sich mit der Aufarbeitung desselben befassen, verkauft.

Gleichfalls ist mit dem Gaserzeuger die Gewinnung schwefelsauren Ammoniaks möglich. Er bildet also einen Übergang zwischen dem reinen Kraftgasgenerator und dem Generator mit Nebenproduktengewinnung.

Den Generator[2]) zeigt Abb. 72. Das Brennmaterial wird in den Trichter A geschüttet und durch die Beschicktrommel nach Bedarf in den Generatorschacht geworfen. Der Schacht besteht aus zwei

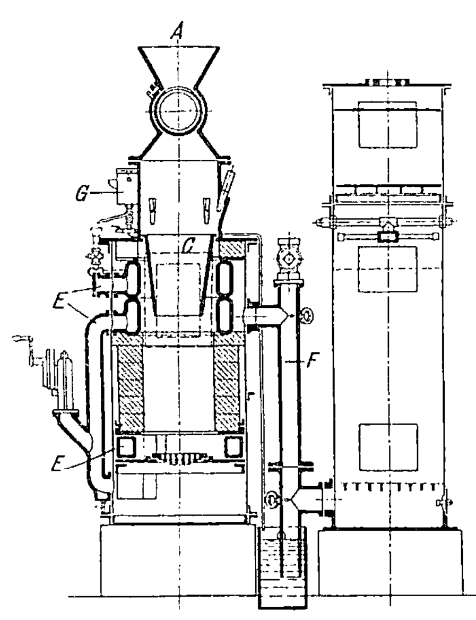

Abb. 72. Torfgenerator
Bauart Crossley Brothers.

---

[1]) M. 11, S. 453.
[2]) Turfvergassing, S. 33.

Teilen, aus dem Rohr C und dem eigentlichen Generatorschacht. Das Rohr C dient hauptsächlich zum Vortrocknen des Brennmaterials. Der Verdampfer E bildet teilweise die Unterstützung der Schachtmauerung, zum Teil ist er als ringförmiges Rohr in dem oberen Teil des Schachtes untergebracht. Das in dem Generator entwickelte Gas verläßt ihn durch die Öffnung F, nachdem es gezwungen ist, den oberen Teil des Verdampfers zu umspülen. Oberhalb des Verdampfers ist der Wasserkessel G angebracht. Aus diesem gelangt das Wasser nach Bedarf in den Generator. Bei den meisten Generatorsystemen ist der Verdampfer dauernd mit Wasser gefüllt. Die Zuführung des Wassers zu dem Verdampfer wird durch ein Ventil und durch den Generator derart reguliert, daß bei größerem Zug, d. h. größerer Gasentnahme, ein größerer Unterdruck im Generator entsteht, so daß mehr Wasser in den Verdampfer gesaugt wird. Der Vorteil dieser Anordnung liegt darin, daß beim Übergang von Volllast auf eine geringere Last nicht unnötig Wasserdampf erzeugt wird, der die Temperatur des Generators unnütz erniedrigt und durch die Bildung von zu großen Mengen von Wasserstoff Frühzündungen in der Maschine verursacht. Am Generator sind eine entsprechende Anzahl Schaulöcher vorgesehen, die gleichzeitig zum Nachstochern dienen.

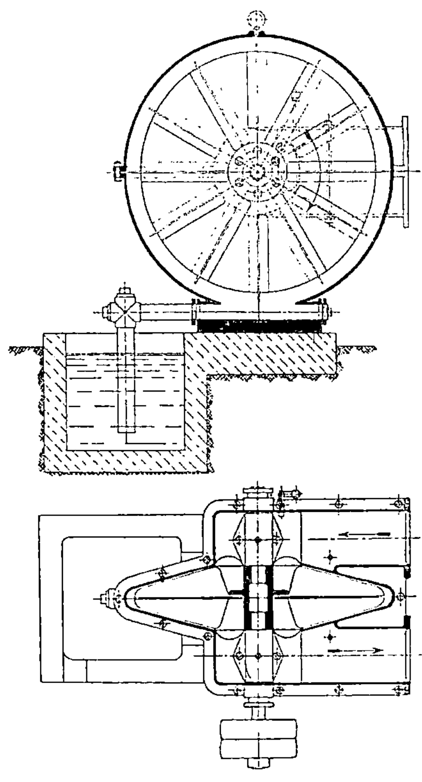

Abb. 73/74. Rotierender Teerabscheider Bauart Crossley Brothers.

Das Anblasen des Generators geschieht dadurch, daß Luft durch einen Handventilator in den Generator geblasen wird, bis er die nötige Temperatur erhält. Während des Anblasens wird das Gas wie üblich durch einen Hahn in die frische Luft gelassen.

Wie schon eingangs erwähnt, enthält das Gas sehr viel Teer, der durch einen rotierenden Teerabschneider (Abb. 73 u. 74) entfernt wird.

Die beiden Verfasser des Werkes „Turfvergassing" haben Gelegenheit gehabt, im Auftrage der holländischen Regierung Dauerproben an dem Generator der Firma Crossley Brothers mit Veenhuizer Torf in Manchester zu machen. Die Zusammensetzung des Gases war im Mittel:

$$\begin{array}{ll} CO_2 & \ldots\ldots 9{,}7\,^0/_0 \\ O & \ldots\ldots 0{,}4\,^0/_0 \\ CO & \ldots\ldots 21{,}0\,^0/_0 \\ CH_4 & \ldots\ldots 4{,}4\,^0/_0 \\ H & \ldots\ldots 7{,}2\,^0/_0 \end{array}$$

Der berechnete Brennwert betrug mithin 1209 WE. Bei dem Versuch wurde für die PS_i-Stunde 1,39 kg Torf bei $34{,}1\,^0/_0$ Wassergehalt erzielt. Die mittlere Belastung der Maschine betrug $42{,}5\,^0/_0$. Bei Vollbelastung der Maschine wurden 1,08 kg pro PS_i-Stunde erzielt. Der Wassergehalt des Torfes betrug $40\,^0/_0$. Die Zusammensetzung des Gases war:

	Schlechtbelastete Maschine ·	Vollbelastete Maschine:
CO_2	$11{,}0\,^0/_0$	$5{,}0\,^0/_0$
O	$0{,}4\,^0/_0$	$0{,}4\,^0/_0$
CO	$20{,}0\,^0/_0$	$28{,}2\,^0/_0$
CH_4	$3{,}6\,^0/_0$	$3{,}4\,^0/_0$
H	$12{,}4\,^0/_0$	$9{,}1\,^0/_0$
Der Brennwert betrug	1233,7 WE	1380,6 WE.

Es wurden ferner Untersuchungen gemacht über den größten Wassergehalt des Torfes, der noch zweckmäßig im Generator vergast werden kann. Es wurde zu diesem Zwecke durch Wasserzusetzung der Torf auf einen Feuchtigkeitsgehalt von 40, 54 und $61{,}5\,^0/_0$ gebracht. Das Gas hatte eine Zusammensetzung wie folgt:

Wassergehalt	$34{,}1\,^0/_0$	$40{,}0\,^0/_0$	$54{,}0\,^0/_0$	$61{,}5\,^0/_0$
CO_2	$9{,}7\,^0/_0$	$8{,}8\,^0/_0$	$7{,}4\,^0/_0$	$8{,}7\,^0/_0$
O	$0{,}4\,^0/_0$	$0{,}2\,^0/_0$	$0{,}4\,^0/_0$	$0{,}4\,^0/_0$
CO	$21{,}0\,^0/_0$	$22{,}4\,^0/_0$	$24{,}7\,^0/_0$	$23{,}4\,^0/_0$
CH_4	$4{,}4\,^0/_0$	$5{,}2\,^0/_0$	$2{,}8\,^0/_0$	$2{,}1\,^0/_0$
H	$7{,}2\,^0/_0$	$9{,}2\,^0/_0$	$9{,}7\,^0/_0$	$9{,}9\,^0/_0$
Verbrennungswärme	1208,9	1361,2	1237,4	1144,2 WE.

Der höchste Feuchtigkeitsgehalt des Torfes konnte mit $60\,^0/_0$ angenommen werden.

Neuerdings[1]) ist von der Firma ein Generator von 500 PS aus-

---

1) Engineer, 8. Dez. 11, S. 588.

geführt worden, und zwar für die Anlage des Herrn Hamilton Robb in Portadown. Der Generator ist in zwei Teile geteilt (Abb. 75/76), während Skrubber, Teerreiniger und Sägespänereiniger zu einem

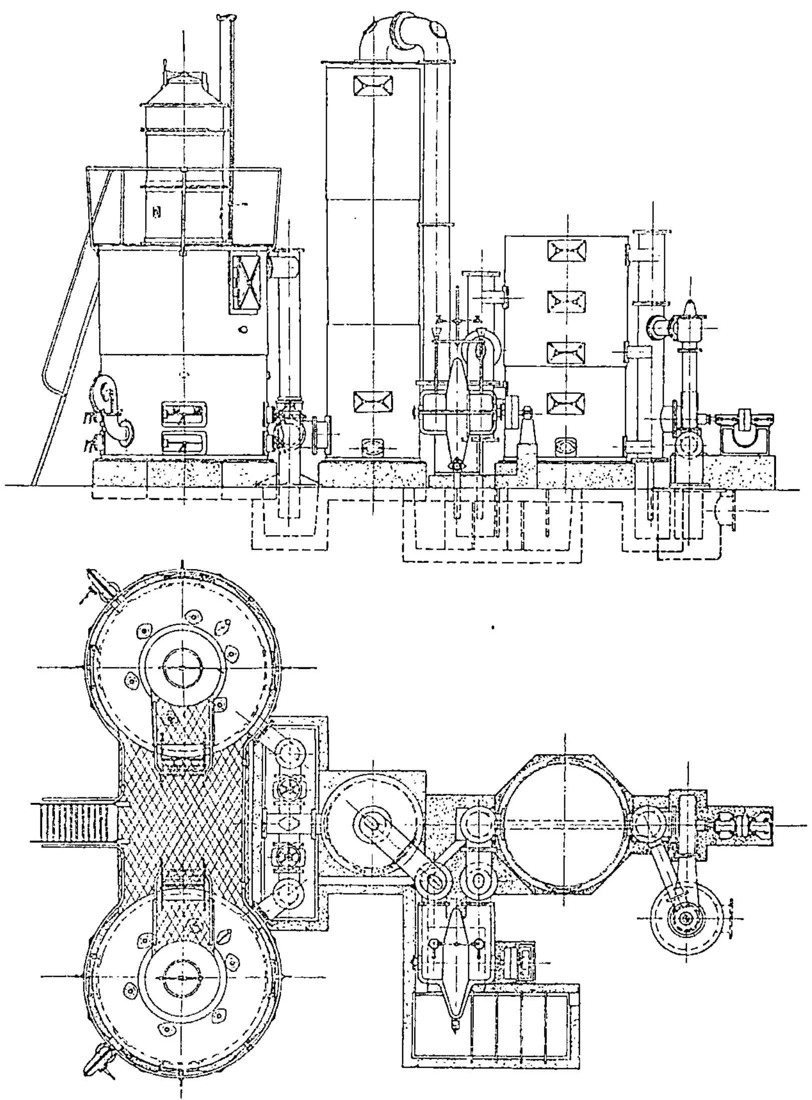

Abb. 75/76. Torfgenerator Bauart Crossley Brothers.

Satz vereinigt sind. Die Gase werden durch einen Ventilator durch die Maschinen gesaugt und nach einem Gasbehälter gedrückt.

Wie obiger Aufsatz berichtet, war der Torf in dem Jahre 1911

bis auf $19\,^0/_0$ Wasser getrocknet. Der Torf hatte jedoch viel Sand, der von den benachbarten Äckern hinaufgetrieben war, und es entstanden in der ersten Zeit große Schwierigkeiten, weil die sich bildende glasartige Schlacke die Gasbildung verhinderte. Durch Zuführung von Wasserdampf wurde diesem Übelstand abgeholfen.

Der Torf wurde anfangs zerkleinert gefeuert, jedoch wurde später der Generator mit ganzen Soden beschickt. Die sich bildenden bedeutenden Teermengen setzten in der ersten Zeit den Koksskrubber vollständig zu, und es war erforderlich, ihn alle 5 bis 6 Tage zu reinigen. Durch Änderung des Skrubbers (es wurde ein Teil des Koks entfernt und er gleichzeitig als Wascher und Kühler ausgebildet, das Gas mußte von unten gegen einen Wasserschleier aufwärtssteigen) wurde dieser Übelstand verhindert und es wurde ein größerer Teil des Teers durch den Teerabscheider entfernt.

Bei den Anlagen der Firma Crossley Brother wird, wie schon eingangs erwähnt, der Teer verwertet. Er beträgt ungefähr $5\,^0/_0$ des Brennstoffgewichtes und enthält Paraffin, Wachs und eine bedeutende Menge Öle, die bei 270 °C überdestillieren. Der Wert des Teeres beträgt in England 35 sh pro Tonne.

Die Analyse für die Brennstoffe und für den Teer ergab bei obigem Versuch folgende Werte:

Torf.

Wasser	$18,98\,^0/_0$
Flüchtige Bestandteile	$55,17\,^0/_0$
Fixer Kohlenstoff	$24,75\,^0/_0$
Asche	$1,10\,^0/_0$
	$100,00\,^0/_0$

C	$44,60\,^0/_0$
H	$5,42\,^0/_0$
N	$0,97\,^0/_0$
Asche	$1,10\,^0/_0$
Wasser	$18,98\,^0/_0$
O als Differenz	$28,93\,^0/_0$
	$100,00\,^0/_0$

Teer.

Wasser	$49,7\,^0/_0$
Leichte Öle (destillieren über unter 230°)	$5,8\,^0/_0$
Mittlere „ „ „ bei 230—270°	$8,0\,^0/_0$
Schwere „ „ „ über 270°	$19,4\,^0/_0$
Koks	$10,3\,^0/_0$
Verluste	$6,8\,^0/_0$
	$100,0\,^0/_0$

Angaben über den Brennstoffverbrauch sind im Aufsatz nicht enthalten.

L. Mond[1]) hat (D. R. P. Nr. 136 844) ein Patent genommen für einen Gaserzeuger, der hauptsächlich für Ammoniakgewinnung Verwendung finden soll (Abb. 77). Der obere Teil des Generators wird durch zwei Wände g in die drei Abteilungen h und i geteilt, die auf Gewölben t ruhen. Das Gas wird aus dem Gaserzeuger durch die mittlere Abteilung i und das Ableitungsrohr s abgeführt. Das Brennmaterial wird durch die Trichter j in die beiden äußeren Abteilungen h geführt und wird etwa 1 m hoch oberhalb der unteren Ränder der Wände g gehalten. In jeder dieser äußeren Abteilung wird bei k eine Öffnung über der oberen Schicht des Brennmaterials angebracht. Diese Öffnungen werden mittels eines Kanals oder Rohres l mit einer wagerechten Kammer m verbunden, die unten in der Mitte senkrecht zu den rechteckigen Wänden angebracht ist. Sie kann aus Schamotte in Form einer Retorte hergestellt werden. Die Kammer m besitzt Öffnungen w. In jeder der Röhren oder Leitungen l, die von den Abteilungen nach der Kammer m führen, ist ein Injektor angebracht, durch welchen die in dem Gaserzeuger gebildeten heißen Gase durch das in den beiden Abteilungen befindliche Brennmaterial geführt werden. Die Gase treten dann mit einem Teil der Destillationsprodukte oben aus den Abteilungen h heraus und werden dann in die Kammer m in dem Boden geleitet. Von hier treten die Gase durch die Öffnungen w unterhalb des Daches o aus und durchstreichen

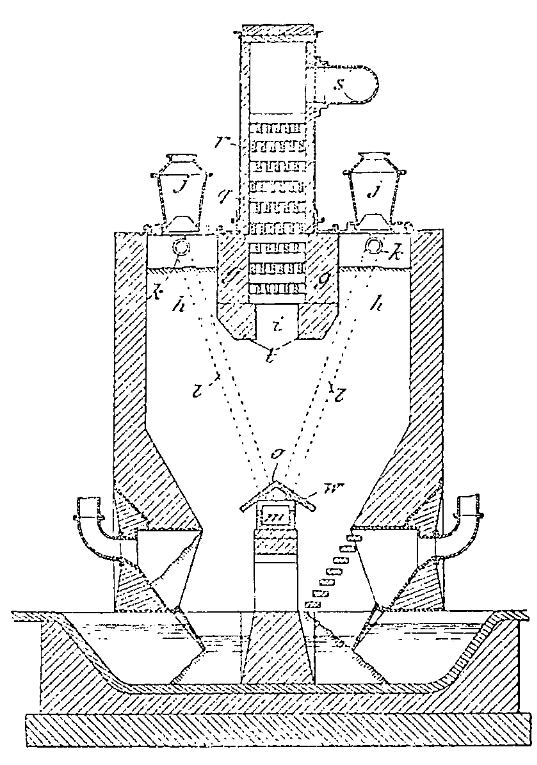

Abb. 77. Generator Bauart Mond.

---

[1]) Fischer, Kraftgas, S. 145.

das heiße Brennmaterial in dem Hauptteil des Gaserzeugers. So wird die Destillation des frischen Brennmaterials in den beiden äußeren Abteilungen schnell ausgeführt, weil die durch die Injektoren angesaugten Gase des Gaserzeugers in die direkte und innige Berührung mit dem frischen Brennmaterial kommen und die für die Destillation notwendige Hitze liefern. Um einen Verlust an Ammoniak zu vermeiden, wird die Destillation in den Beschickungskammern nur so weit geführt, daß die Gesamtmenge des Wassers sowie ein gewisser Anteil der bituminösen Stoffe ausgetrieben werden. Um nun auch den Rest derselben in beständige Gase überzuführen, werden sie in die mittlere Abteilung i geleitet. Diese ist mit einer durchbrochenen

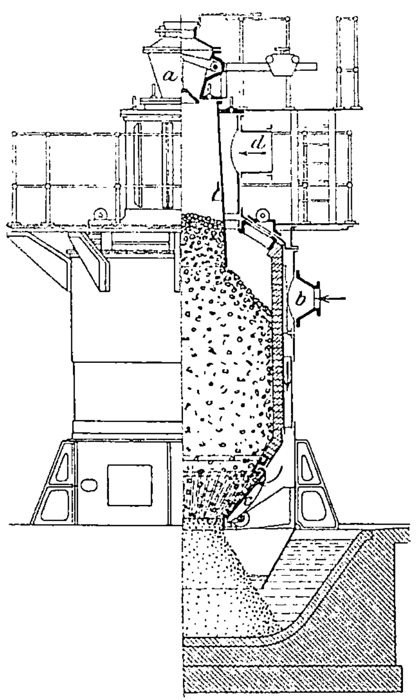

Abb. 78. Torfgenerator
Bauart Mond.

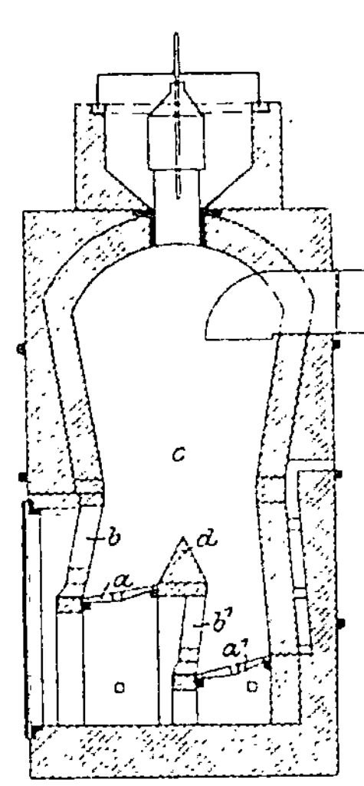

Abb. 79. Gasgenerator
Bauart Ziegler.

Säule von Ziegeln, Metallbarren oder dergleichen ausgefüllt. Die Ausfüllung wird auf 600 bis 700 Grad erhitzt. Werden nun die heißen Gase aus dem Gaserzeuger hindurchgeleitet, so wird das aus dem Brennmaterial unterhalb der Wände g destillierte Gas, welches Teerbestandteile und Ammoniak enthält, in q ebenfalls auf die erwähnte Temperatur erhitzt. Auf diese Weise werden die in den Gasen enthaltenen Bestandteile zu einem sehr hohen Betrage in beständige Gase übergeführt, während der Rest in einen leichten kondensierbaren Teer verwandelt wird.

Heber[1]) gibt einen praktisch ausgeführten Generator (Abb. 78), der Torf mit 60 bis 70 % Wassergehalt vergasen soll. Das Gehäuse besteht aus zwei durch einen ringförmigen Zwischenraum getrennten gußeisernen Mänteln, deren innere eine dünne Auskleidung mit feuerfestem Material erhält. Bei b wird die Gebläseluft, die mit überhitztem Wasserdampf gesättigt ist, eingeführt. Sie streicht durch den ringförmigen Zwischenraum, überhitzt sich hier noch mehr, bewirkt dadurch gleichzeitig eine Kühlung des inneren Mantels und gelangt dann durch den Treppenrost c in den Verbrennungsraum. Durch Einführung von 1 bis 1,2 kg Wasserdampf auf eine Tonne Brennstoff werden die sich bildenden Gase rasch abgekühlt und aus dem Generator geschafft, wodurch das sich bildende Ammoniak der Zerlegung entgeht. Bei den Versuchsanlagen in Orentano bei Pisa in Italien und auf der Zeche Mont Cenis bei Sodingen wurden diese Generatoren verwandt. Diese Anlagen waren die Versuchsanlagen für die neue Anlage im Schwegermoor bei Osnabrück.

Der Gasgenerator von Ziegler[2]) (D. R. P. Nr. 120 051) ist in Abb. 79 dargestellt, eine Beschreibung erübrigt sich. Der Generator von Fleiß, Reddig & Ziegler (D. R. P. Nr. 164 438) hat keine Bedeutung gewonnen, außer der Versuchsanlage des Gutsbesitzers Fleiß, Schellecken. Auch dort fand, wie beim Großley-Generator, die Abscheidung des Teeres durch einen rotierenden Teerabscheider statt.

Von Interesse durch die besondere Konstruktion dürfte der Gaserzeuger der oberbayrischen Kokswerke sein (D. R. P. Nr. 213 852). Er besteht aus drei Generatoren (Abb. 80 bis 82), die nacheinander beschickt werden, so daß der eine heiß geht, während der zweite sich im normalen Zustande befindet und der dritte mit frischem Brennstoff beschickt wird. Der Betrieb wird so geleitet, daß der in dem frisch beschickten sich bildende Wasserdampf in die glühende Brennstoffschicht des am heißesten gehenden Generators geschickt wird und hier mit den glühenden Kohlen Wassergas bildet, während die aus dem Teer aufsteigenden Teer- und Ammoniakdämpfe besonders aufgefangen werden. Die Gasabzugsrohre b von I, II, III sind durch Glocken verschließbar und vereinigen sich in dem Kasten d, an welchen sich die Kondensation und der Gaswäscher anschließen. Die Abzugsrohre c lassen sich durch die Ventile e und f mit dem Rohr g bzw. der freien Luft h verbinden. Von dem Ringrohr g gehen Rohre i zu den Unterwindgebläsen k, so daß aus jedem der drei Retortenschächte die Unterwindgebläse saugen können. Nachdem alle drei Schächte nacheinander in Betrieb gesetzt sind, wird der Inhalt von

---

[1]) Fischer, Kraftgas, S. 146.
[2]) Fischer, Kraftgas, S. 197.

Schacht *I* bis zur Zone *z* zuerst heruntergesunken sein. Das Unterwindgebläse *k* wird abgestellt, Rohr *b* nach *d* abgesperrt, Glockenventil e_1 bleibt geschlossen und ein kleines Gebläse im Abzugsrohr h_1 wird angestellt. Jetzt öffnet man a_1 und füllt den Generator *I* bis *x* mit frischem Torf. Dann wird a_1 geschlossen. In Schacht *II* ist unterdessen das Material bis y_2 und im Schacht *III* bis y_1 gesunken.

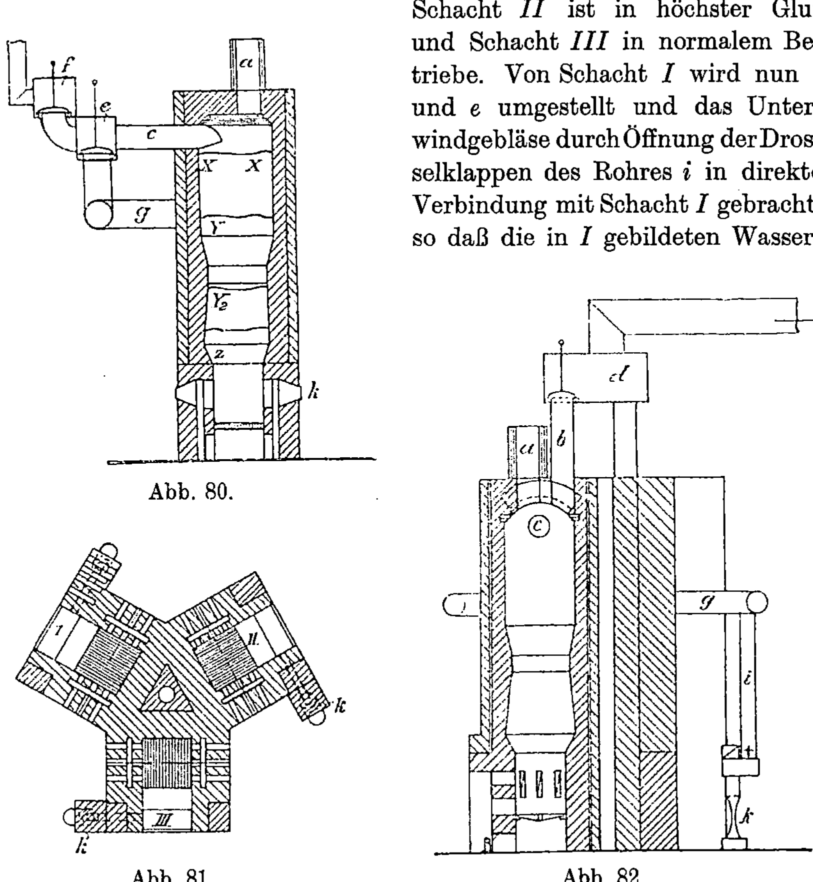

Schacht *II* ist in höchster Glut und Schacht *III* in normalem Betriebe. Von Schacht *I* wird nun *f* und *e* umgestellt und das Unterwindgebläse durch Öffnung der Drosselklappen des Rohres *i* in direkte Verbindung mit Schacht *I* gebracht, so daß die in *I* gebildeten Wasser-

Abb. 80.

Abb. 81.   Abb. 82.

Abb. 80—82. Torfgenerator der Oberbayrischen Kokswerke.

dämpfe durch die glühende Koksschicht von *II* durchgeblasen und in Wassergas umgesetzt werden. Nach einer gewissen Zeit ist der in *I* befindliche Torf entwässert und wird dieser Schacht, direkt mit eigenem Unterwind getrieben, durch Rohr b_1 an die Kondensation angeschlossen. Der in normaler Füllung arbeitende Schacht liefert stets Zersetzungswasser, so daß die im Torf enthaltenen wertvollen Bestandteile, wie Teer, Ammoniak, Essigsäure und Methylalkohol, gewonnen werden können. Das Gas kann durch Wäscher gereinigt und in Gasmaschinen verwandt werden.

Auf die große Anzahl der sonstigen Patente für Generatoren können wir nur auf die Schriften des Patentamtes verweisen, sie haben vorläufig keine Bedeutung.

Die Vorgänge im Gasgenerator theoretisch zu verfolgen, ist sehr schwierig, weil nicht aller Kohlenstoff zu Kohlenoxyd verbrennt, und die Menge ständig sich ändert; man kann den Wirkungsgrad nicht im voraus berechnen, sondern erst aus der Zusammensetzung des Brennstoffs und der Gase einen Schluß auf den guten Gang des Generators ziehen.

Ob bei dem Verbrennen von Kohlenstoff in Sauerstoff unmittelbar Kohlendioxyd oder Kohlensäure entsteht, ist eine Streitfrage, da es noch niemandem gelungen ist, die direkte Verbrennung des Kohlenstoffes zu Kohlenoxyd analytisch nachzuweisen.

Zur Berechnung und Verfolgung der Vorgänge im Gasgenerator gibt Fischer[1]) Tabellen für den praktischen Gebrauch.

Spezifische Wärmen:

	Mittl. spez. Wärme	Gewicht von 1 m³	Mittl. spez. Wärme von 1 m³
Kohlensäure (CO_2) von 10 bis 100° .	0,216	1,977	0,43
„ „ „ 10 „ 400° .	0,231	—	0,46
„ „ „ 10 „ 800° .	0,249	—	0,49
Kohlenoxyd (CO)	0,245	1,259	0,31
Sauerstoff	0,230	1,429	0,33
Stickstoff	0,246	1,254	0,31
Wasserstoff	3,409	0,090	0,31
Wasserdampf	0,480	0,805	0,39
Methan (CH_4)	0,593	0,716	0,42
Schwefligsäure (SO_2)	0,155	2,864	0,45
Atm. Luft	0,243	1,293	0,31

Für die Berechnung der Gasausbeuten, Umsetzungen und dgl. schlägt er vor, die Mengen nicht nach dem Gewicht, sondern nach dem Volumen in Rechnung zu setzen. Er macht darauf aufmerksam, daß das Kilogramm-Molekül aller Gase und Dämpfe bei 0° und 760 mm 22,2 m³ einnimmt.

Bei der Verbrennung von Kohlenstoff: $C + O_2 = CO_2$ geben z. B. 12 kg Kohlenstoff mit 22,2 m³ Sauerstoff, 22,2 m³ Kohlensäure. Bei der Kohlenoxydbildung $C + O = CO$ geben 12 kg Kohlenstoff mit 11,1 m³ Sauerstoff, 22,2 m³ Kohlenoxyd oder 1 kg Kohlenstoff mit 4,32 m³ atm. Luft, 5,26 m³ theoretisches Generatorgas. Beim Verbrennen von Kohlenstoff in atm. Luft muß daher die Summe von

---

[1]) Fischer, Kraftgas, S. 18.

Kohlensäure und Sauerstoff 21 $^0/_0$ betragen. Für Sauerstoff $2\,H_2 + O_2$ $= 2\,H_2O$ werden für je 4 kg Wasserstoff 22,2 m³ Sauerstoff verbraucht, um 36 kg Wasser zu bilden. In entsprechender Weise geschieht die Berechnung des Brennwertes von Gasen und Dämpfen, z. B. für 1 m³ Kohlenoxyd $\dfrac{68\,200}{22,2} = 3072$ WE.

Für den praktischen Gebrauch ergibt sich daher folgende Tabelle.

	Mol.-Gewicht	Wasser von 0⁰ als Verbrennungsprodukt		Wasserdampf von 20⁰ als Verbrennungsprodukt	
		1 Mol.	1 m³	1 Mol.	1 m³
		hw	w	hw	w
Benzoldampf (C_6H_6) .	78	7870	35 450	7546	33 990
Propylen (C_2H_2) . .	42	5000	22 523	4676	21 063
Äthylen (C_2H_4) . . .	28	3412	15 369	3196	14 396
Methan (CH_4) . . .	16	2135	9 617	1919	8 644
Wasserstoff (H_2) . .	2	690	3 108	582	2 622
Kohlenoxyd (CO) . .	28	682	3 072	682	3 072

Die Bildungswärme einer Verbindung ergibt sich aus der Differenz der Verbrennungswärme derselben und der der Elemente. Auch hierfür hat Fischer für den praktischen Gebrauch eine Tabelle aufgestellt:

	Brennwert der		Bildungs-wärme
	Verbindung	Elemente	
CO	682	976	$+\,294$
CH_4	2135	2356	$+\,221$
C_2H_6	3723	4022	$+\,299$
C_3H_8	5284	5688	$+\,404$
C_2H_2	3157	2642	$-\,515$
C_2H_4	3412	3332	$-\,80$
C_2H_6	4993	4998	$-\,5$

Nach dieser Tabelle wird bei der Bildung von Kohlenoxyd Methan und Äthan aus den Elementen Wärme frei, bei der Bildung von Acetylen und Äthylen werden dagegen erhebliche Wärmemengen gewonnen.

Die Vergasung des Kohlenstoffes durch Sauerstoff, Kohlensäure und Wasser erfolgt nach folgenden Reaktionen, für die Fischer nach den vorhergehenden Auseinandersetzungen die Wärmewerte und Brennwerte wie folgt gibt:

	Reaktion	Wärme im Feuerraum	Brennwert des erhaltenen Gases
1.	$C + O_2 = CO_2$	976 hw	0 hw
2.	$C + O = CO$	294 „	682 „
3.	$C + CO_2 = 2\,CO$	388 „	1364 „
4.	$C + 2\,H_2O = CO_2 + 2\,H_2$.	188 „	1164 „
5.	$C + H_2O = CO + H_2$ . . .	288 „	1261 „

Bei der Aufstellung obiger Formel ist bereits berücksichtigt, daß Wasserdampf gleichzeitig mit der durch Maschinenkraft eingeblasenen oder eingesaugten Luft eingeführt wird.

Neben dem Luftgeneratorgas hat mit Dowson die Anwendung des sog. Mischgases große Verbreitung gefunden, da dieses Verfahren geeignet ist den Wirkungsgrad der Generatoren bedeutend zu erhöhen.

Beim Mischgasverfahren verbrennt nach Fischer zunächst Kohlenstoff:

$$1) \qquad C + O_2 = CO_2 + 97\,600 \text{ WE.}$$

Die freiwerdende Wärme erhitzt den Koks so, daß mit Wasserdampf die Reaktionen:

$$2) \quad C + 2H_2O = CO_2 + 2H_2 - 18\,800 \text{ WE.}$$

$$3) \quad C + CO_2 = 2CO \qquad - 38\,800 \text{ WE auftreten.}$$

Gleichung 1 und 2 ergibt

$$C_2 + O_2 = 2CO + 58\,000 \text{ WE.}$$

Gleichung 2 und 3

$$C_2 + 2H_2O = 2CO + 2H_2 - 56\,600 \text{ WE.}$$

Für den Fall, daß keinerlei Wärmeverlust stattfindet, wäre das ideale Mischgasverfahren:

$$4) \qquad 2C_2 + O_2 + 2H_2O = 4CO + 2H_2.$$

Danach würden 48 kg Kohlenstoff Gas folgender Zusammensetzung bilden:

	Menge	Zusammensetzung
Kohlenoxyd	88,8 m³	41,0 $^0/_0$
Wasserstoff	44,4 „	20,5 „
Stickstoff	83,5 „	38,5 „
	216,7 m³	

Die Reaktionen II und III erfordern eine Temperatur von etwa 800°. Die mit 800° aus der Reaktionszone des Generators entweichenden Gase dienen zur Vorwärmung des nachrutschenden Brennstoffes und teilweise zur Vorwärmung der feuchten Luft. Der größte Teil geht aber meist verloren, man wird daher praktisch mit den folgenden Reaktionen rechnen können.

$$\text{II. } 4C + 3O + H_2O = 4CO + H_2 \quad \ldots \ldots 59\,400 \text{ WE,}$$

$$\text{III. } 3C + O_2 + 2H_2O = CO_2 + 2C + 2H_2 \quad 40\,000 \text{ WE}$$

Danach ergeben sich für 48 bzw. 36 kg Kohlenstoff

| | Menge in m³ | | Zusammensetzung | |
	II	III	II	III
CO_2	—	22,2	— %	11,4 %
CO	88,8	44,4	37,6 %	22,8 %
H	22,2	44,4	9,4 %	22,8 %
N	125,2	83,5	53,0 %	43,0 %
	236,2	194,5		

Praktisch wird sich im Generator ein Gemisch beider Gase bilden, dessen Zusammensetzung sich bei höherer Temperatur der Reaktion II nähert. Reaktion III stellt ein schlechteres Gas dar.

Die äußersten Grenzen sind nach I 0,75 Wasserdampf und 1 kg Kohlenstoff oder auf 100 m³ Luft 34 kg Wasserdampf und ein verhältnismäßig gutes Gas.

Bei nicht so weitgehender Vorwärmung, wie es bei den meisten Generatoren eintreten wird, sollte 0,4 kg Wasserdampf auf 1 kg Kohlenstoff oder 11,5 kg Wasserdampf auf 100 m³ nicht wesentlich überschritten werden.

Fischer gibt eine Tabelle über die mittlere Zusammensetzung, über die Menge der zur vollständigen Verbrennung erforderlichen Luft und den Brennwert des Gasluftgemisches.

| | Leuchtgas | Kokereigas | Wassergas | Mischgas aus | | | | | Hochofengas |
				Anthrazit	Steinkohle	Braunkohle	Torf	Holz	
Schwere Kohlenwasserstoffe	4	2	0	0	—	—	—	—	—
Methan	36	25	—	1	4	2	2	2	—
Wasserstoff	48	50	49	18	20	20	16	14	2
Kohlenoxyd	8	6	44	28	20	18	16	18	28
Kohlensäure	2	5	4	6	6	10	12	15	10
Stickstoff	2	12	3	47	50	50	54	51	60
Brennwert von 1 m³ . . .	5340	4000	2630	1410	1490	1250	1084	1094	912
1 m³ Gas erfordert Luft m³	6,0	4,4	2,3	1,3	1,4	1,2	1,0	1,0	0,8
Gesamtvolumen m³ . . .	7,0	5,4	3,3	2,3	2,4	2,2	2,0	2,0	1,8
Brennwert von 1 m³ . . .	760	740	800	610	640	540	540	550	510

Der Brennwert des Gasluftgemisches ist also ziemlich leicht bedeutend. Der Wasserstoffgehalt von 15 % im Gasluftgemisch dürfte als äußerste Grenze anzusehen sein, um Frühzündung zu vermeiden.

Die Grenzen des Generatoreffekts des Torfgenerators hat A. With ol[1] in Hanau untersucht.

---

[1] M. 11, S. 434 ff. und 460 ff.

Bei einem oberen Heizwert von 5500 WE ergibt sich der theoretisch höchste Wirkungsgrad zu $80,3 \sim 80\,^0/_0$ bei der wasserfreien Substanz.

Die bei der Vergasung des fixen Kohlenstoffes zu CO bzw. CO_2 frei werdende Wärme von $20\,^0/_0$ hat sämtliche Auslagen für den Generatorbetrieb zu decken, und zwar:

1. Wärmeaufwand für Entgasung des Torfes;
2. den Verlust durch Leitung und Strahlung;
3. die Verluste in den heißen Generatorgasen;
4. ein etwa übrigbleibender Überschuß könnte dazu dienen, nassen Torf vorzutrocknen. Doch muß dabei die Temperatur der Generatorgase mehr und mehr gesteigert werden, um besonders bei der kurzen zur Verfügung stehenden Zeit die Wärme für die Wasserverdampfung herzugeben. Das geschieht dadurch, daß ein um so größerer Anteil C zu CO_2 verbrennt bzw. nicht zu CO reduziert wird. Oder der Torf kommt noch naß in die Feuerzone und drückt hier die Temperatur unter die zur Reduktion von CO_2 zu CO nötige Höhe herab. Es steigt daher der Gehalt an CO_2 im Gase mit dem Wassergehalt des Torfes.

Hierbei ist aber die erhöhte Verbrennungswärme des fixen Kohlenstoffs zu CO_2 für den Generatoreffekt verloren, denn dieses CO_2 in den Generatorgasen ist wertlos für die weitere Verbrennung und sogar schädlich durch Verdünnung und damit Verschlechterung des Kraftgases. Es kommt hinzu, daß die zur Verbrennung zu CO_2 nötige doppelte Menge O eine entsprechend doppelte Menge Stickstoff aus der Luft mitführt und den Generatorgasen als weiteren Ballast beimischt. Zudem wächst natürlich dieser Teil des Wärmeverlustes mit dem Volumen des abziehenden Gases.

Der Wärmeaufwand für einen gegebenen Torf ist konstant, der Verlust durch Strahlung und Leitung durch den Generator gegeben. Die Generatorgase sind die Träger der für die Verdampfung des Wassers nötigen Wärme. Sie verlassen den Generator nach deren Abgabe mit konstanter Temperatur ca. $400\,^0$, beladen mit dem Gewicht des verdampften Wassers mal dessen natürlicher konstanter Verdampfungswärme.

Die Wärmeverluste pro Kilogramm wasserfreien Torfs in den bezeichneten Grenzen ist proportional dem Gewicht des begleitenden Wassers. Der absolut prozentuale Nutzeffekt umgekehrt proportional diesem Gewicht. Um daher den absoluten Effekt pro Kilogramm Torf zu finden, müssen wir den auf $80\,^0/_0$ angenommenen Nutzeffekt (4800 bis 5200 WE) das Gewicht des begleitenden Wassers mal der Verdampfungswärme ca. 800 WE pro Kilogramm abziehen. Torf von $83\,^0/_0$ Wasser, d. h. 1 kg Torf und 5 kg Wasser, ist daher keine Energiequelle mehr, denn es ist $1\cdot5000\cdot0,8 - 5\cdot800 = 0$.

Bei solchem Material müßte der fixe Kohlenstoff zu Dioxyd, das flüchtige im Torf vollständig zu $CO_2 + H_2O$ verbrennen. Das Generatorgas bestände nur aus Stickstoff, Kohlendioxyd und Wasserdampf. Der Nutzeffekt des Generators wäre gleich Null. Enthält Torf weniger als einen gewissen Prozentsatz Wasser, so könnte von der Verbrennungswärme des fixen C zu CO bzw. CO_2 den oben gezeigten $20\,^0/_0$ nach Deckung der normalen Verluste ein Rest bleiben. Dieser müßte dazu dienen, unter dem Rost eingeführten Wasserdampf zu zersetzen, um durch Erzeugung von Wassergas die Ausbeute des Generators zu erhöhen. Bei etwa $33\,^0/_0$ Wasser würde rechnerisch die Einführung des Wasserdampfes beginnen dürfen.

Durch größere Wärmeerniedrigung würde die Grenze für Wassergasbildung rechnerisch weiter hinausgeschoben werden. Tatsächlich wird auch diese Grenze praktisch nicht erreicht, da die für Wassergasbildung erforderliche Temperatur von etwa 1000^0 nicht mehr aufrechtzuerhalten sein dürfte.

Die bei niedriger Temperatur vor sich gehende Zersetzung zu 1 m³ Kohlendioxyd und 2 m³ Wasserstoff $C + 2H_2O = CO_2 + 2H_2$, die angenähert den gleichen kalorischen Effekt bedeutet, würden den Generatorgas Kohlendioxyd und dem Motorbetrieb ungünstig beeinflussenden Wasserstoff in unerwünschter Menge zuführen.

Für ganz oder nahezu wasserfreien Torf würde der Gesamteffekt auch durch Verbrennung eines größeren Teils C feste zu CO_2 nicht wesentlich beeinflußt werden. Bei Verwendung von $20\,^0/_0\ C:CO_2$ für wasserfreien Torf wäre:

Nutzeffekt ohne Wassergas . . . . $70,7\,^0/_0$
Steigerung mit Wassergas . . . . $14,9\,^0/_0$
Nutzeffekt mit Wassergas . . . . $85,6\,^0/_0$

Withol gibt für Verbrennen von $10\,^0/_0$ C zu CO_2 folgende Generatoreffekte (Abb. 83):

Wenn behauptet wird, daß ein Generator einen Nutzeffekt von $97\,^0/_0$ hat, so ist das unmöglich.

In neuester Zeit ist viel über die Vergasung des Torfes und Gewinnung der Nebenprodukte, vor allem von schwefelsaurem Ammoniak geschrieben und öffentlich geredet worden. Wir müssen auf dieses Verfahren eingehen, weil die Lösung der Torffrage von diesem Verfahren oft abhängig gemacht wird und die Gase zum Betriebe von Großkraftwerken dienen sollen.

Es ist schon seit langem bekannt, daß bei der trockenen Destillation organischer Stickstoffsubstanzen ein Teil ihres Stickstoffs in Form von Ammoniak gewonnen wird. In Gasanstalten, Kokereien usw. wurde bereits seit langem Ammoniak in dieser Form gewonnen. Ferner hat bereits Mond festgestellt, daß bei seinem Mischgenerator durch die Zuführung von Wasserdampf eine größere Ammoniakausbeute eintrat. Er hat Steinkohle mit gutem Erfolg vergast und eine recht bedeutende Ammoniakausbeute erhalten.

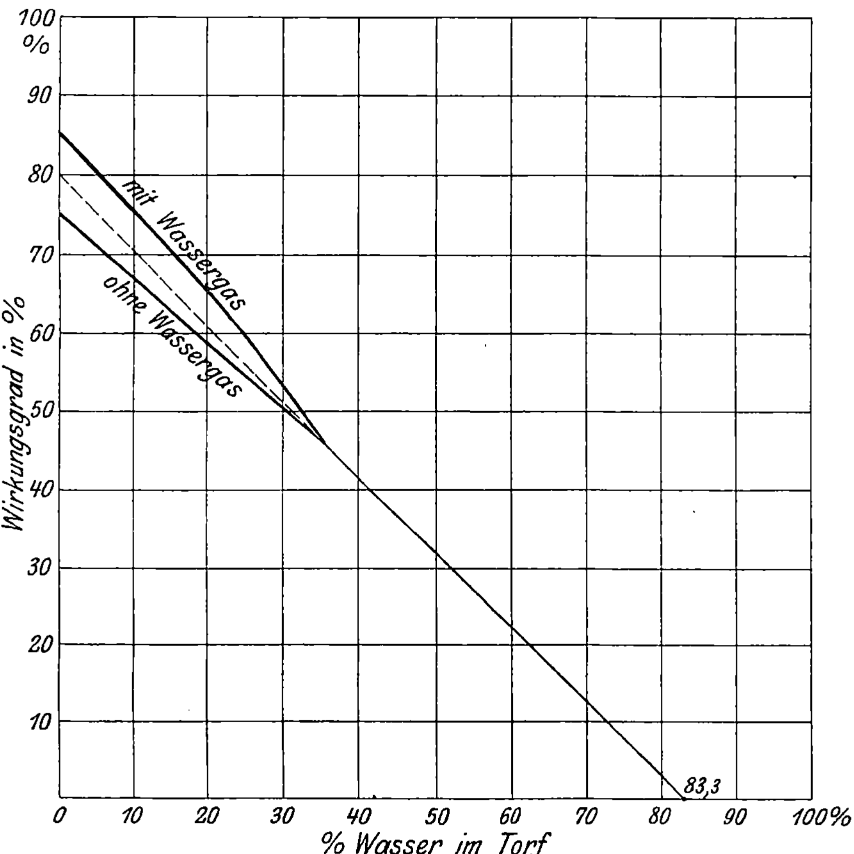

Abb. 83. Wirkungsgrade für Torfgeneratoren.

Durch Professor Frank, Charlottenburg, und Dr. Caro, Berlin, wurde dies Verfahren in Deutschland weiter ausgebaut. Die günstigen Erfahrungen mit Waschbergen haben Veranlassung gegeben, daß auch dieses Verfahren für Torf durchgebildet wurde. Nach Dr. Caro (Chemiker-Zeitung 11, S. 505 ff.) hat es sich erwiesen, daß beim Überleiten von Wasserdampf über trockenen Torf bei 350 bis 550° C eine fast vollständige Abspaltung des Stickstoffes des Torfes in Form von

Ammoniak erfolgt und dieses bei geeignetem Dampfüberschuß ohne Verluste erhalten werden kann. Er stellte fest, daß die Ammoniakentbindung bei niedrigerer Temperatur in Anwendung geringerer Wasserdampfmengen erfolgte, wenn man feuchten Torf zur Anwendung brachte, und zwar ist bei Anwendung mit feuchtem Torf von 50 bis 60 $^0/_0$ Wassergehalt die Ammoniakausbeute größer als bei trockenem Torf.

Vergast man trockenen Torf nach dem Mondgasverfahren, so zerfällt der Torf in dem oberen Teil des Generators unter Einwirkung des im unteren Teil des Generators zugeführten Wasserdampfes. Bei einer Temperatur von 350 bis 550 ^{0} C tritt eine fast quantitative Abspaltung des Stickstoffes in Form von Ammoniak ein und es hinterbleibt ein fast stickstofffreier Koks. Der Mondgasprozeß ist für die Verarbeitung von trockenem Torf anwendbar, weil bei langsamem Gange des Prozesses der Torf eine hinreichend lange Schicht passiert, in der die zur Zersetzung notwendige Temperatur von 350 bis 550 ^{0} herrscht und in der eine Einwirkung von Wasserdampf stattfindet. Wird dagegen feuchter Torf verwandt, d. h. Torf über 40 $^0/_0$ Wassergehalt, so findet in der oberen Zone eine Austrocknung des Materials statt, in einer tieferen Zone wird das Material zersetzt und bildet unter Einwirkung von Wasserdampf Ammoniak. Die Zone von 350 bis 550 ^{0} C ist aber sehr dünn, da die Trockenzone, in welchem eine Ammoniakbildung nicht stattfindet, einen großen Teil des Generators einnimmt. Der ausgetrocknete Torf passiert zu schnell die eigentliche Zersetzungszone, er gelangt, ohne daß sich Ammoniak abspaltet, in die Verkokungszone. Es bildet sich stickstoffhaltiger Koks, der in der unteren Generatorzone verbrennt, ohne daß Ammoniak frei wird.

Dr. Caro hat nun herausgefunden, daß es möglich ist, bei dem Mondgasprozesse auch halbnassen Koks zu verwenden, wenn es möglich ist, die Temperatur in der Trockenzone, die normal 100 bis 120 ^{0} C beträgt, auf etwa 250 ^{0} zu erhöhen, so daß eine Abspaltung des Ammoniaks unter Einwirkung von Wasserdampf stattfindet. Die Vergrößerung der Temperaturen in der Trockenzone erreicht er dadurch, daß er durch örtlich zugeführte Luft lokale Verbrennungen erzeugt oder aber daß Luft und Wasserdampfgemisch vor dem Eintritt in den Generator auf 450 ^{0} überhitzt. Hierdurch erfolgt eine intensive Verbrennung des im unteren Teile des Generators befindlichen Kokses, eine Überhitzung der Trockenzone, ein Zerfall des Torfes in derselben, eine Vergrößerung der Zerfallszone und eine Erniedrigung der Ammoniakentbindungstemperatur und somit eine weitgehende Abspaltung des Stickstoffs des Torfs in Form von Ammoniak neben Gewinnung von Heizgas, Teer usw.

Dr. Caro wies in der 25. Mitgliederversammlung des Vereins zur Förderung der Moorkultur (M. 07, S. 138) auf die Versuche hin, die in der Anlage in Winnington (England) mit Torf gemacht wurden. Die Zusammensetzung des Torfes wasserfrei war: Asche $15{,}2\,^0/_0$, flüchtige Substanzen $2{,}8\,^0/_0$, Stickstoff $1{,}62\,^0/_0$, Gesamtkohlenstoff $56{,}3\,^0/_0$, fester Kohlenstoff $34{,}2\,^0/_0$, Heizwert 5620 WE. Der Wassergehalt des Torfes betrug ca. $40\,^0/_0$ und 1 t Trockensubstanz gab 780 m³ Gas von 1360 WE und 55 kg Ammoniumsulfat. Das Gas wurde zur Erzeugung des Dampfes für den Generatorprozeß zum Kochen der Ammoniumsulfatlauge gebraucht; außerdem wurden mit dem Gase 480 PS eff. Stunden erzeugt.

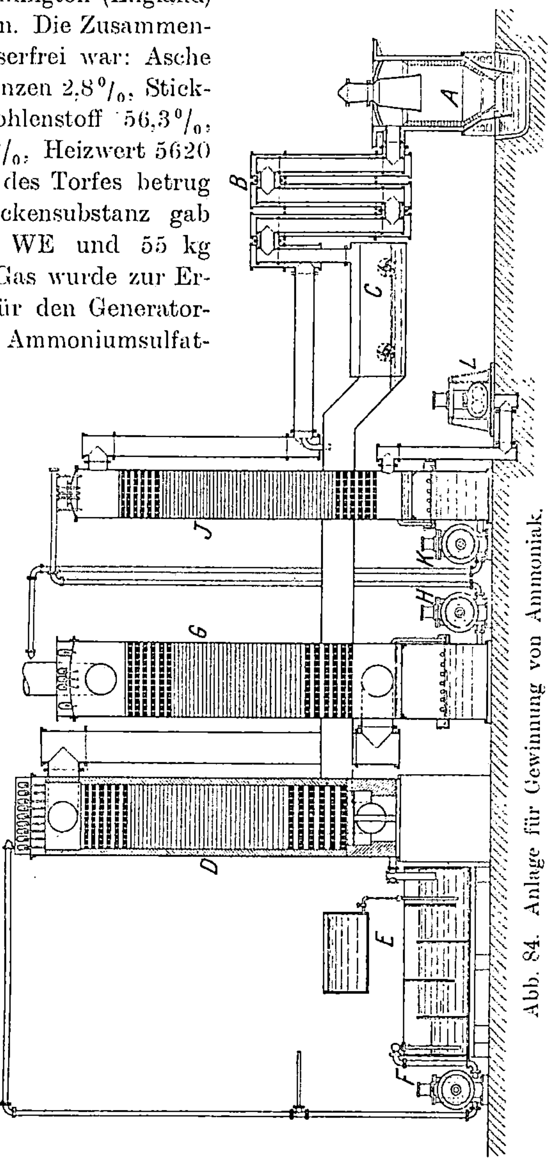

Das Verfahren von Geh. Regierungsrat Professor Dr. Frank und Dr. Caro ist gemeinsam mit der deutschen Mondgas- und Nebenprodukten - Gesellschaft m. b. H. in Sodingen durchgearbeitet und wird zurzeit für die Überland - Zentrale im Schwegermoor, Kreis Wittlage, Regierungsbezirk Osnabrück, durch die hannoverische Kolonisations- und Moorverwertung G. m. b. H. Osnabrück im Großen praktisch durchgeführt.

Bei den Versuchen in Sodingen wurden nach Angabe von Dr. Caro mit einem Torf von 50 bis $60\,^0/_0$ Wassergehalt und $3\,^0/_0$ Asche 70 bis $85\,^0/_0$ des im Torfe enthaltenen Stickstoffes als schwefelsaures Ammoniak erhalten mit $24{,}5$ bis $25\,^0/_0$ NH₃. Außerdem

Abb. 84. Anlage für Gewinnung von Ammoniak.

wurden auf die Trockensubstanz bezogen etwa 2500 bis 2600 m³ Gas mit 1300 bis 1400 WE oberen Heizwert und einen Gasüberschuß von etwa 1400 bis 1500 m³ erhalten. Da von dem Gas etwa 2 m³ für eine PS-Stunde verbraucht werden, so entspricht das einem Kraftüberschuß von 700 bis 750 PS-Stunden eff. Ferner wurden 3 bis 6 % Teer gewonnen.

Eine Anlage für Gewinnung von Ammoniak[1]) zeigt Abb. 84. Das aus dem Generator austretende Gas durchstreicht den Gegenstromkühler B, durch dessen äußere Rohre Dampf und Luft geblasen werden, so daß ein Wärmeaustausch stattfindet und das Gas abgekühlt in den Wäscher C eintrifft. Das Gas wird dort mit Wasser gemengt, das von zwei Schlägerwellen zerstäubt wird. Das Gemisch von Gas und Dampf gelangt nun in den Säureturm D, der mit Blei verkleidet und mit Ziegelsteinen ausgesetzt ist. Hier wird das Gemisch mit einer Lösung von schwefelsaurem Ammoniak, die überschüssige Schwefelsäure enthält, berieselt. Es scheidet sich das Ammoniak ab, die Lösung reichert sich an. Sie wird immer wieder aufgepumpt bzw. durch Zusetzung frischer Schwefelsäure auf gleicher Dichtigkeit gehalten. Aus dem Behälter E wird die Flüssigkeit in einen Verdampfer gepumpt, wo sie kristallisiert wird. Das Gas wird nun in einen zweiten Turm G geführt, wo es mit Wasser berieselt und gekühlt wird, und wird dann durch einen Sägespänenfilter zur Verwendungsstelle geleitet.

Das warme Rieselwasser wird auf den Luftturm J gepumpt. Hier strömt ihm durch ein Gebläse gelieferte Luft entgegen. Die Luft sättigt sich mit Dampf und wird nun durch den Überhitzer in den Generator gedrückt.

Ein Teil der Gase wird gebraucht, um Dampfkessel zu betreiben, die zur Erhitzung des für den Generatorprozeß erforderlichen Dampfes nötig sind. Für einen wirtschaftlich günstigsten Betrieb ist ein gleichmäßiger Betrieb erforderlich. Bei der Inbetriebsetzung eines Gaserzeugers muß derselbe zwei bis drei Tage angeheizt werden. Er geht dann ein ganzes Jahr ununterbrochen durch. Will man ihn außer Betrieb setzen, so füllt man ihn hoch mit Brennstoff und läßt das Gas unmittelbar entweichen. Ein so stillgesetzter Generator hält das Feuer zwei bis drei Wochen.

Ein anderes Verfahren zur Gewinnung des Ammoniumsulfats ist das von Woltereck, London[2]).

Er will gefunden haben, daß beim Überleiten von Luft- und Wasserdampf über verschiedene kohlenstoffhaltige Substanzen bei

---

¹) R. Schöttler, Die Gasmaschine, S. 78.
²) M. 09, S. 248. S. auch Stahl und Eisen 09, S. 1644—48; 10, S. 113 bis 116; S. 1235 ff.

Temperaturen zwischen 300 und 500° C der Luftstickstoff mit aus dem Wasserdampf stammendem Wasserstoff sich zu Ammoniak verbindet.

Nach Versuchen von Caro ist erwiesen, daß die Feststellung Monds 1884 richtig war, daß die Ammoniakbildung ausschließlich auf den Stickstoffgehalt der organischen Substanzen zurückzuführen ist.

Bei diesem Verfahren wird nur eine äußerst geringe Menge brennbarer Gase erzeugt. Es kommt daher für unsere Zwecke nicht in Frage.

d) Die Nutzung des Torfes zu Kraftzwecken.

Die Ausnutzung der Moore zu Kraftzwecken kann nur dadurch geschehen, daß aus dem Torf, sei es durch Vergasung desselben und Betrieb von Gasmaschinen, sei es durch Verbrennung unter Dampfkesseln und Antrieb von Dampfmaschinen bzw. Dampfturbinen elektrische Energie erzeugt wird, die über die ganze benachbarte Gegend verteilt wird.

Bei den in Frage kommenden Torfmengen und bei ihrer teilweise exzentrischen Lage zu dem Versorgungsgebiete kommen nur hohe Spannungen, ein großes Versorgungsgebiet und große Kraftleistungen im Kraftwerke in Frage. Es ist ja gerade der Vorteil der Kraftübertragung durch elektrische Energie auf weite Entfernungen, daß sie auch die minderwertigen Brennmaterialien nutzbar verwerten läßt.

Andererseits ist es eine feststehende Tatsache, daß man in großen Kraftwerken die Energie billiger herstellen kann, weil der Anteil, den die Verwaltung ausmacht und der bei kleinen Kraftwerken den Gesamtausgaben gegenüber anteilig sehr hoch erscheint, sich bei großen Kraftwerken in viel geringerem Maße erhöht als die Kraftleistung zunimmt.

Die Antriebsmaschinen für die Drehstromgeneratoren — es kommt für Kraftübertragung natürlich nur Drehstrom in Frage, für Bahnbetrieb auch Einphasenwechselstrom — sind entweder Gasmaschinen oder Dampfturbinen.

Riedler[1]) gibt in einem Vortrag folgende Wärmeausnutzung für Gasmaschinen und Dampfanlagen: Verluste im Gaserzeuger 16,5 $^0/_0$ (Sauggaserzeuger), in der Gasmaschine als Abgase 20,5 $^0/_0$, im Kühlwasser 21,5 $^0/_0$.

Die Verluste in der Dampfanlage betragen beim Dampfkessel 24 $^0/_0$, im Kondensator 58 $^0/_0$, so daß sich eine Brennstoffausnutzung

---

[1]) Z. 05, S. 312/13.

bei der Dampfmaschine mit $14\,^0/_0$, bei der Sauggasmaschine mit $22\,^0/_0$ ergibt.

Neuerdings sind in Dampfturbinen 2716 WE/PS_e-St. festgestellt worden, entsprechend einem Gesamtwirkungsgrade von $20\,^0/_0$.

Der Verbrauch an Gas stellt sich bei größeren Gasmaschinen und Vollast auf 2100 WE/PS_e.

Obige Zahlen wären für die Torfgeneratoren auf einen mittleren Feuchtigkeitsgehalt umzurechnen, sie gelten nur für hochwertige Kohlen. Trotzdem ist wärmetechnisch Gasgenerator und Gasmaschine dem Dampfbetrieb überlegen.

Nicht immer bedeutet die wissenschaftlich und technisch einwandfreieste Lösung auch den wirtschaftlich besten Erfolg. Es war

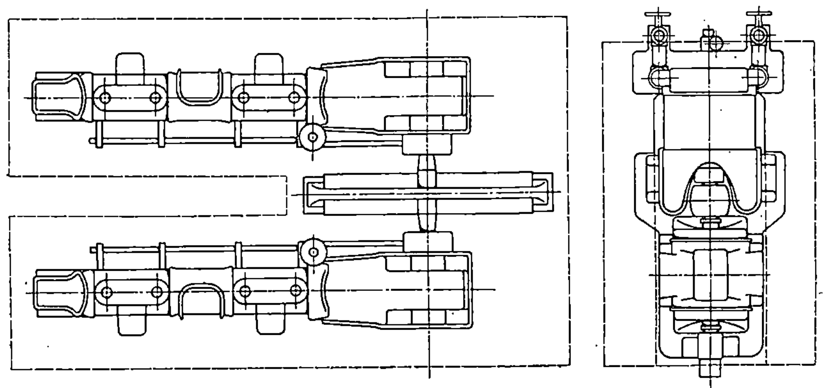

Abb. 85. Gasmaschine 3500 KW.   Abb. 86. Turbodynamo
                              M. 1 : 333.   20000 KW.

bisher nicht gelungen die Ausnützung des Gases in Gasturbinen vorzunehmen, erst in neuerer Zeit[1]) sind erfolgreiche Versuche gemacht worden. Vorläufig kommt jedoch die Gasturbine für die nächsten Jahre nicht in Frage. Die bei den Dampfturbinen gewählten hohen Tourenzahlen, die natürlich auch der Gasturbine zugute kämen, haben es ermöglicht, Einheiten von 20000 KW und mehr zu bauen, während die Leistungsgrenze bei den langsam laufenden Gasmaschinen ca. 3500 KW beträgt.

Stellt man vergleichende Kostenanschläge für beide Antriebsarten auf, so wird man finden, daß die Anlagekosten bei Anwendung von Gasmaschinen bedeutend höhere sind als bei Einbau von Dampfturbinen.

Um einen Überblick über die Größenverhältnisse der Maschinen zu geben, haben wir eine Gasmaschine von 3500 KW und einen

---

[1]) Holzwarth, Die Gasturbine.

20000 KW-Dampfturbinensatz der A. E.-G. nebeneinander gezeichnet (Abb. 85 u. 86).

Auf die spätere Entwickelung der Gasturbine können wir heute natürlich keine Rücksicht nehmen, wir müssen verwenden, was fertig vorliegt und können daher nur Dampfturbine und Gasmaschine vergleichen.

Wir geben in nachstehender Abb. 87 eine vergleichende Kostenrechnung für Gasmaschinen mit Drehstromgeneratoren und Erregermaschinen und für Drehstromdampfturbodynamos einschließlich der elektrischen Maschinen fertig aufgestellt. Wie aus den Kurven er-

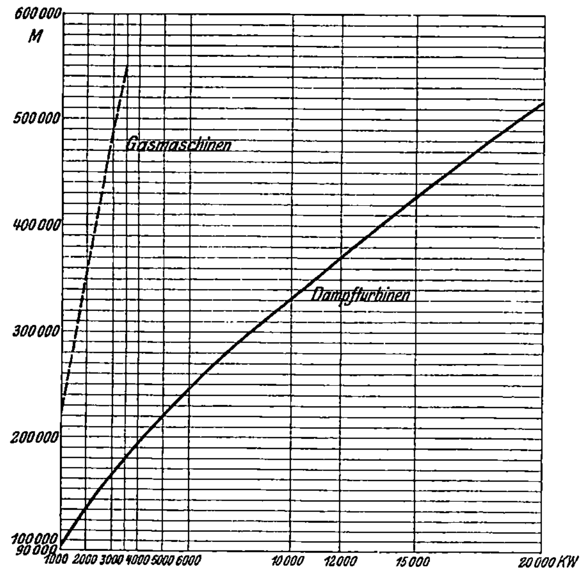

Abb. 87. Anlagekosten für Maschinensätze mit Gasmaschinen-
und Dampfturbinen-Antrieb.

sichtlich ist, schneidet die Gasmaschine dabei sehr schlecht ab. Nicht berücksichtigt sind bei diesen Kurven die Kosten für die Fundamente.

Um nun sämtliche bei den Entwurfsarbeiten derartiger Kraftwerke in Frage kommenden Faktoren vergleichen zu können, haben wir in nachfolgendem eine ausführliche Kostenaufstellung für ein Kraftwerk von 4500 KW-Leistung, wie es heute als Mindestmaß für Kraftwerke anzusehen ist, ausgearbeitet.

Bei den Baulichkeiten sind Wohnungen für den Betriebsleiter und das Personal vorgesehen, diese sind bei diesen Kraftwerken, die unter Umständen fern von allen Orten liegen, durchaus notwendig.

Die Kosten hierfür werden natürlich den Arbeitern bei der Bemessung des Lohnes in Rechnung gestellt, andererseits bedeutet die Angliederung der Wohnungen an das Kraftwerk einen Vorteil für die Betriebsführung desselben.

Kraftwerk von 4500 KW-Leistung.

Gasmaschinen.

1. Baulichkeiten.

Grunderwerb, Baulichkeiten in Größe von 2700 m² einschließlich Kohlenförderanlage, Terrainregulierung, Be- und Entwässerung, 1 Zweifamilienwohnhaus für den Betriebsleiter und Kaufmann, 6 Zweifamilienhäuser für Maschinisten und Arbeiter . . . . M. 553 000

2. Maschinelle Einrichtung.

a) Gasgeneratoren:

7 Torfgasgeneratoren einschließlich Zubehör und komplette Rohrleitung . . . . M. 330 000

b) Gasmaschinen:

3 Gasmaschinen von je 2500 PS Dauerleistung bei 94 Touren, einschl. komplette Anlaßvorrichtung mit Motoren . M. 750 000

c) Elektrischer Teil:

3 Drehstromgeneratoren von je 1500 KW-Leistung einschließlich Erregermaschine und Zubehör, 3 Drehstromöltransformatoren je 1500 KVA-Leistung, Übersetzung 6000/15 000, 3 Drehstromöltransformatoren je 100 KVA, Übersetzung 6000/220, 1 Schaltanlage mit Zubehör, Verbindungsleitungen und sonstiges . M. 300 000

d) Verschiedenes:

1 Laufkran für 60 t Tragfähigkeit für elektrischen Antrieb, 2 Kreiselpumpen für Kühlwasser, 2 Kreiselpumpen für Trinkwasser, die Beleuchtung, 1 Werkstatt, Inventar . . . . M.   66 000
$$\overline{}$$
M. 1 446 000

3. Bauleitung . . . . „   21 000

Zusammenstellung:

    1. Baulichkeiten . . . . M. 553 000

    2. Maschinelle Einrichtung . . . „ 1 446 000

    3. Bauleitung . . . . „ 21 000
$$\overline{}$$
M. 2 020 000

Dampfturbinen.

1. Baulichkeiten. Wie vorstehend, dazu zwei
Schornsteine . . . . M. 400 000

2. Maschinelle Einrichtung.

a) Kesselanlage:

4 Wasserrohrdampfkessel je 300 m² Heizfläche, 4 Speisewasservorwärmer, 3 Kesselspeisepumpen, 1 Wasserreiniger, 1 Kreiselpumpe für den Wasserreiniger,
komplette Rohrleitung . . . . M. 184 000

b) 3 Drehstromturbodynamos je 1500 KW, 6000 Volt
mit Oberflächenkondensation, 3 Drehstromöltransformatoren usw., wie vorstehend . . . . M. 405 000

c) Verschiedenes:

1 Laufkran für Handbetrieb für 25 t Tragfähigkeit, 1 Laufkran
für 6000 kg Tragfähigkeit, sonst wie vorstehend . M. 26 000
____
M. 615 000

3. Bauleitung . . . . „ 15 000
____

Zusammenstellung:

1. Baulichkeiten . . . . M. 400 000
2. Maschinelle Einrichtung . . „ 615 000
3. Bauleitung . . . . „ 15 000
____
M. 1 030 000

Vergleichende Rentabilitätsberechnung:

Die Summe für die Bauleitung ist auf Baulichkeiten und
Maschinen anteilig verteilt worden.

	Gasmaschinen	Dampfturbinen
Baulichkeiten	M. 559 000	M. 406 000
Maschinen	„ 1 461 000	„ 624 000
	M. 2 020 000	M. 1 030 000

a) Feste Ausgaben:

	Gasmaschinen	Dampfturbinen
Verzinsung 5%	M. 101 000	M. 51 500
Abschreibung:		
Baulichkeiten 1% . . .	„ 5 590	„ 4 060
Maschinen:		
Gasmaschinen 5% . . .	„ 73 050	„ —
Dampfturbinen 4% . . .	„ —	„ 24 960
Übertrag:	M. 179 640	M. 80 520

	Gasmaschinen	Dampfturbinen
Übertrag:	M. 179 640	M. 80 520
Unterhaltung:		
Baulichkeiten $^1/_2{}^0/_0$ . . .	„ 2 795	„ 2 030
Maschinen:		
Gasmaschinen $4^0/_0$ . . .	„ 58 440	„ —
Dampfturbinen $3^0/_0$ . . .	„ —	„ 18 720
Verwaltung	„ 50 000	„ 50 000
Gehälter und Löhne . .	„ 20 000	„ 20 000
Steuern, Bureauunkosten		
usw.	„ 30 000	„ 30 000
	M. 340 875	M. 201 270
b) Veränderliche Ausgaben:		
Torf pro erzeugte KW-St. wird		
gerechnet für Gasmaschinen		
2,2 kg, für Dampfturbinen		
2,7 kg, Tonne Torf pro Kes-		
selhaus 4 M. und 7 Mil-		
lionen KW-St. erzeugt .	„ 61 600	„ 75 600
Öl und Putzwolle	„ 30 000	„ 14 000
	M. 91 600	M. 89 600
a) Feste Ausgaben	M. 340 875	M. 201 270
b) Veränderliche Ausgaben . .	„ 91 600	„ 89 600
	M. 432 475	M. 290 870

Die Kosten pro KW-St. an der Zentrale stellen sich mithin bei

Gasmaschinen	Dampfturbinen
6,15 Pf.	4,15 Pf.

Selbst für den Fall, daß die Gasgeneratoranlage in Fortfall kommt und das Gas kostenlos durch eine Nebenprodukten-Gewinnungsanlage bezogen wird, ist der Betrieb immer noch unrentabler als bei einer Dampfanlage mit Dampfbetrieb. Die Anlagekosten würden sich wie folgt stellen:

Baulichkeiten	M. 400 000
Maschinelle Einrichtung	„ 1 130 000
	M. 1 530 000

Rentabilität:

Verzinsung $5^0/_0$	M. 76 500
Abschreibung:	
Baulichkeiten $1^0/_0$	„ 4 000
Maschinen $5^0/_0$	„ 56 500
Übertrag:	M. 137 000

Übertrag: M. 137000

Unterhaltung:

Baulichkeiten $1/2\,^0/_0$	„	2000
Maschinen $4\,^0/_0$	„	45200
Verwaltung	„	50000
Gehälter und Löhne	„	14000
Steuern, Bureauunkosten usw. . .	„	30000
	M.	278200

Veränderliche Ausgaben:

Öl und Putzwolle	M.	30000
	M.	308200

mithin die Kosten pro erzeugte KW-St. $\sim$ 4,4 Pf.

Wie aus den vorstehenden Rentabilitätsberechnungen ersichtlich ist, ist die Anwendung von Gasmaschinen für größere Kraftwerke auf jeden Fall im Nachteil gegenüber von Dampfturbinen.

Die Anlagekosten werden bei noch größeren Zentralenleistungen für die Gasmaschine immer ungünstiger, so daß es sich erübrigt, daß wir bei dem Beispiel einer 50000 KW-Anlage auch die Rechnungen für Gasmaschinen durchführen. Wie schon eingangs erwähnt, ist allein die Gasturbine in der Lage, die Ausnutzung des in Generatoren erzeugten Gases wirtschaftlich zu verwerten. Bis wir zur Ausführung derartiger großer Gasturbinen gelangen, müssen wir den wärmetechnisch schlechteren, wirtschaftlich besseren Wirkungsgrad der Dampfturbine für unsere Kraftwerke benutzen.

Hiermit soll jedoch nicht behauptet werden, daß Torfgasgenerator und Gasmaschine für kleinere Leistungen mit den anderen Maschinen nicht wetteifern können, vor allem in Anlagen, wo man den Torf in Zeiten gewinnen kann, in denen die Arbeiter wenig beschäftigt sind.

Was nun die Nebenproduktengewinnungsanlagen anbelangt, so eignen sich auch diese nicht zu dem Betriebe größerer Kraftwerke mit ihrem schlechten Belastungsfaktor. Da bei der Nebenproduktengewinnung eine gleichmäßige Belastung der Generatoren erwünscht ist, müßte man das Gas entweder zeitweise in die freie Luft entweichen lassen oder es in großen Behältern sammeln. Das letztere dürfte die Wirtschaftlichkeit nicht erhöhen.

Nimmt man an, daß nach den Angaben von Dr. Caro[1] aus einer Tonne Torftrockensubstanz bei nicht kontinuierlichem Betriebe 700 PS_e-St. in den Abgasen enthalten sind und bei den Krafterzeugern ohne Nebenproduktengewinnung der Görlitzer Maschinenbau-Anstalt 1800 PS_e-St. erzielt werden, so müßte die Generatoranlage der Nebenproduktengewinnungsanlage den 2,6 fachen Umfang

---

[1] Z. II, S. 369.

einer reinen Kraftgasanlage erhalten, es wäre also die Produktionsfähigkeit des Werkes nicht von dem Absatz von Ammoniumsulfat, sondern von der erforderlichen Höchstleistung des Kraftwerkes abhängig. Man könnte allerdings auch eine Anzahl Generatoren aufstellen, die nur für Kraftgasgewinnung wären, jedoch würde die Rentabilität der Anlage dadurch schlechter werden. Die Anlage in Orentano soll nach den Berichten nicht günstig stehen, die Anlage im Schwegermoor wird ihre Wirtschaftlichkeit noch nachzuweisen haben. Wir wir hören, ist die Errichtung einer Dampfturbinenzentrale in der nächsten Nähe des jetzigen Werkes geplant.

Die neueren Berichte über die Luftstickstoffgewinnung lauten für das Unternehmen auch nicht günstig. In der Anlage Legnano[1]) werden im elektrischen Ofen durch 1 KW-St. 65 gr Salpetersäure erzeugt. Sollte es für die Fabriken zur Gewinnung der Nebenprodukte des Torfes nicht besser sein, das Gas zur Gewinnung des Luftstickstoffes zu verwerten? In vielen Fällen wird auch das Gas für die Öfen der keramischen Industrie wertvolle Dienste leisten.

Um das Ergebnis der vorstehenden Untersuchungen zusammenzufassen, ist der einzige Weg, den Torf zur Kraftgewinnung heranzuziehen, der, ihn als Sodentorf durch Maschinen zu gewinnen und unter Dampfkesseln zu verfeuern.

Sollte die Gasturbine in den nächsten Jahren in größeren Sätzen betriebstüchtig hergestellt werden können und sich ihr wärmetechnischer Wirkungsgrad noch etwas verbessern, so wäre die Vergasung des Torfes zum Kraftbetriebe dem Dampfbetriebe überlegen.

Wir wollen in dem nächsten Abschnitte zeigen, daß der Torf wohl geeignet ist, selbst in Kraftwerken als Brennmaterial zu dienen, wie sie der Größe nach noch nicht allzu häufig vorhanden sind.

D. Entwurf zu einem Großkraftwerke von ca. 50000 KW.

a) Kraftwerk.

Wie eingangs erwähnt, liegen die großen Torfvorräte und hauptsächlich die Hochmoore, die als erste für die Torfgewinnung in Frage kommen, an den äußersten Grenzen unserer Monarchie, und zwar in der Provinz Hannover und in dem nördlichen Teile der Povinz Ostpreußen.

Um von ihnen elektrische Energie zu liefern, müßten hohe

---

[1]) Elektr. Kraftbetriebe u. Bahnen 11, S. 710.

Spannungen von 100000 bzw. 150000 Volt und große Maschinenleistungen gewählt werden, um das Versorgungsgebiet möglichst umfangreich zu gestalten und andererseits bei den Anlagekosten und dem Betriebe möglichst zu sparen.

Die Anordnung des Kraftwerkes ist aus Abb. 88 bis 90 ersichtlich. Die geringste Maschinenleistung der Dampfturbinensätze wurde mit 6000 KW bei 5—6000 Volt bemessen, da bei 100000 Volt und einer angenommenen Leitungslänge für die obere Spannung von ca. 250 bis 300 km für den ersten Ausbau immerhin scheinbare Leistungen von 3—4000 KVA für den Ladestrom auftreten können und die Maschinen daher auch des Nachts durch ihn ziemlich belastet laufen werden. Die übrigen Maschinen wurden mit 12000 KW Leistung eingesetzt, jedoch ist es selbstverständlich unbedenklich, Maschinenleistungen von 20000 KW einzubauen. Durch die gewählte Anordnung ist insofern eine gleichwertige Reserve geschaffen, als für den Nachtbetrieb eine zweite 6000 KW-Maschine zur Reserve vorhanden ist und andererseits die beiden 6000 KW-Maschinen als Reserve für eine 12000 KW-Maschine auftreten können. Als Kessel wurden die in der Abb. 56 und 57 dargestellten Garbekessel von 412 m² Heizfläche gewählt. Auf die besonders günstigen Eigenschaften für vorliegenden Betrieb ist schon früher hingewiesen worden. Es gelangen im ganzen 32 Kessel zur Aufstellung, die Belastung pro Quadratmeter Heizfläche ist mit 18 bis 20 kg Dampf pro Stunde angenommen.

Zur Vorwärmung des Kesselspeisewassers sind entsprechend große Vorwärmer vorgesehen. Die Kesselspeisepumpen sind als mit Dampf angetriebene rotierende Pumpen gedacht, so daß in dem ganzen Kraftwerk keine Maschine mit hin und her gehenden Teilen vorhanden ist. Ein Wasserreiniger mit den erforderlichen Zubringerpumpen und die gesamte Rohrleitung ist in dem Kostenüberschlag enthalten. Zur Herauftransformierung auf die Spannung von 15000 Volt für die Versorgung der dem Kraftwerk nächstliegenden Gebiete, zur Bedienung der Torfversorgung usw. wurden drei Drehstromöltransformatoren von je 1250 KVA Leistung angenommen. Zum Herauftransformieren auf die obere Spannung 2 à 6000 und 4 à 12000 KVA.

Der für den Bahnbetrieb des Torfwerkes erforderliche Strom wird am zweckmäßigsten mittels Scottscher Schaltung als Einphasenstrom den 6000 bzw. 5000 Volt-Sammelschienen entnommen, da die geringe Belastung durch die Bahnmotoren eine ungleiche Belastung der Phasen nicht verursachen wird.

Für Betätigung der Ölschalter, die sämtlich als Fernschalter ausgebildet sind, zur Versorgung der Zentrale und der Wohnhäuser mit Licht wurden zwei Drehstromgleichstromumformer und zur Momentreserve eine Batterie angenommen.

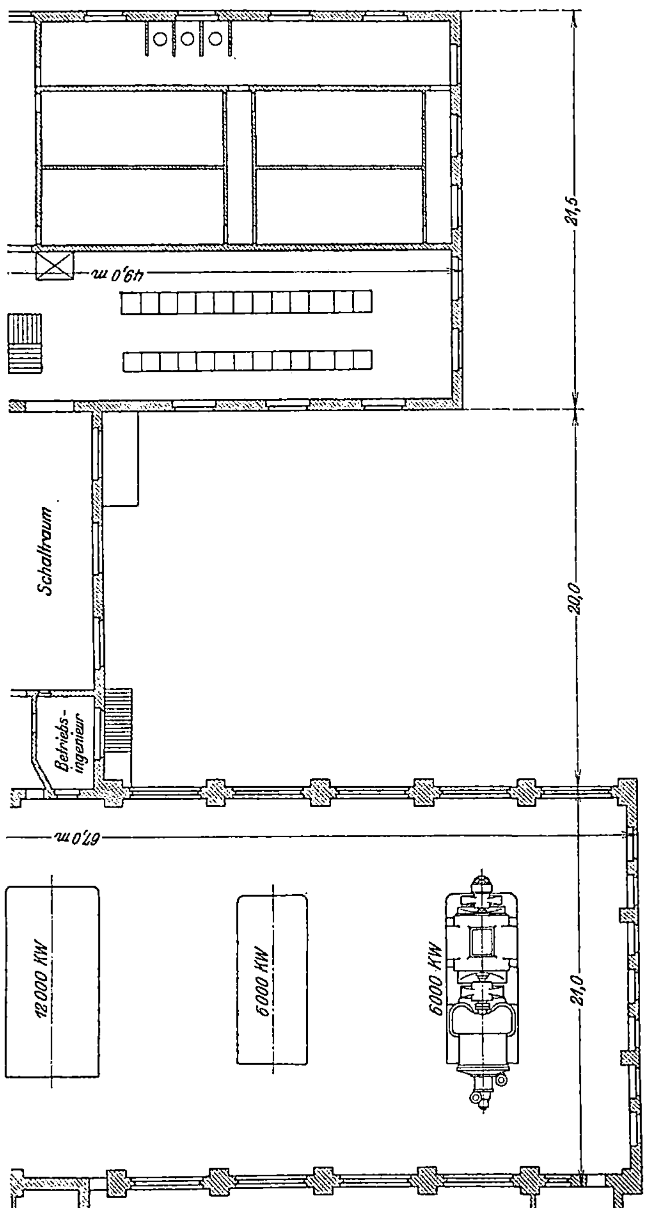

Abb. 88a. Grundriß des Kraftwerkes.

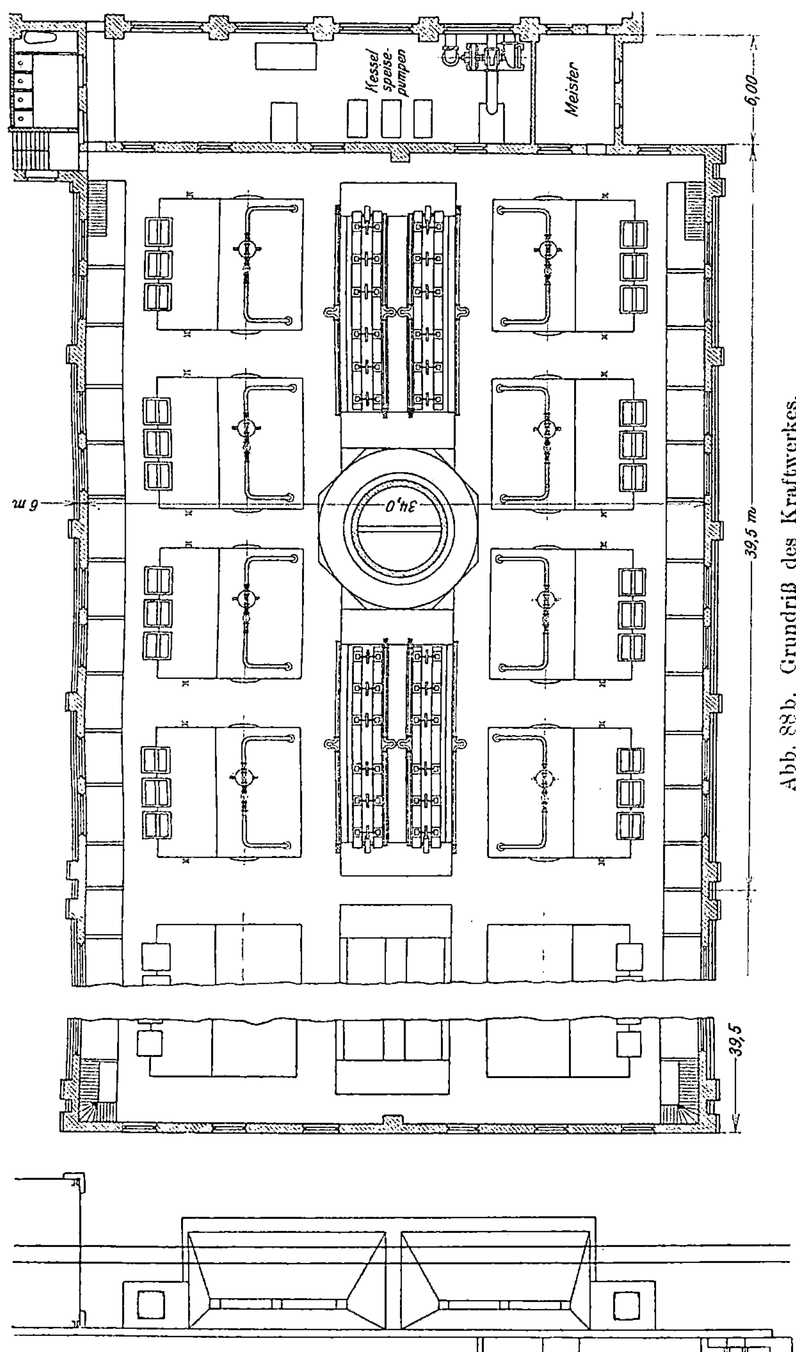

Abb. 88b. Grundriß des Kraftwerkes.

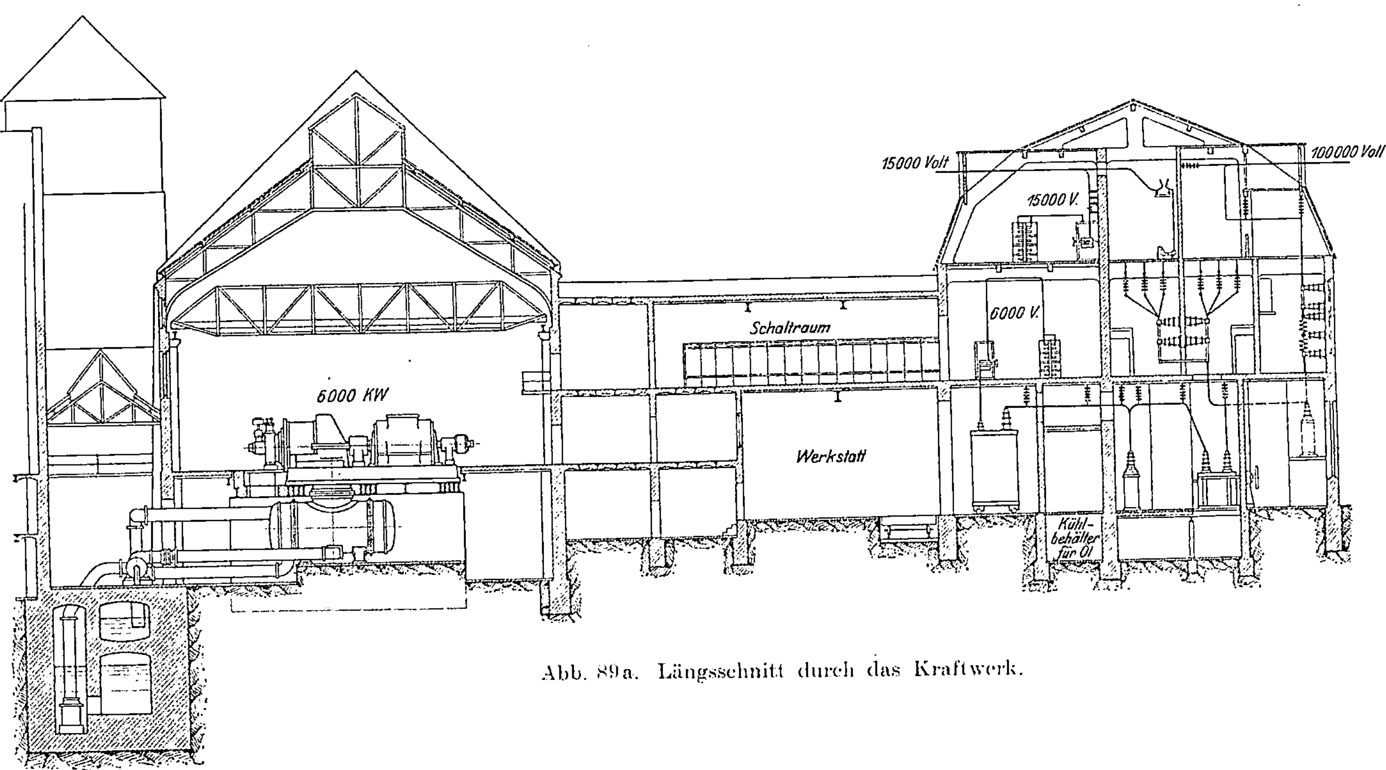

Abb. 89a. Längsschnitt durch das Kraftwerk.

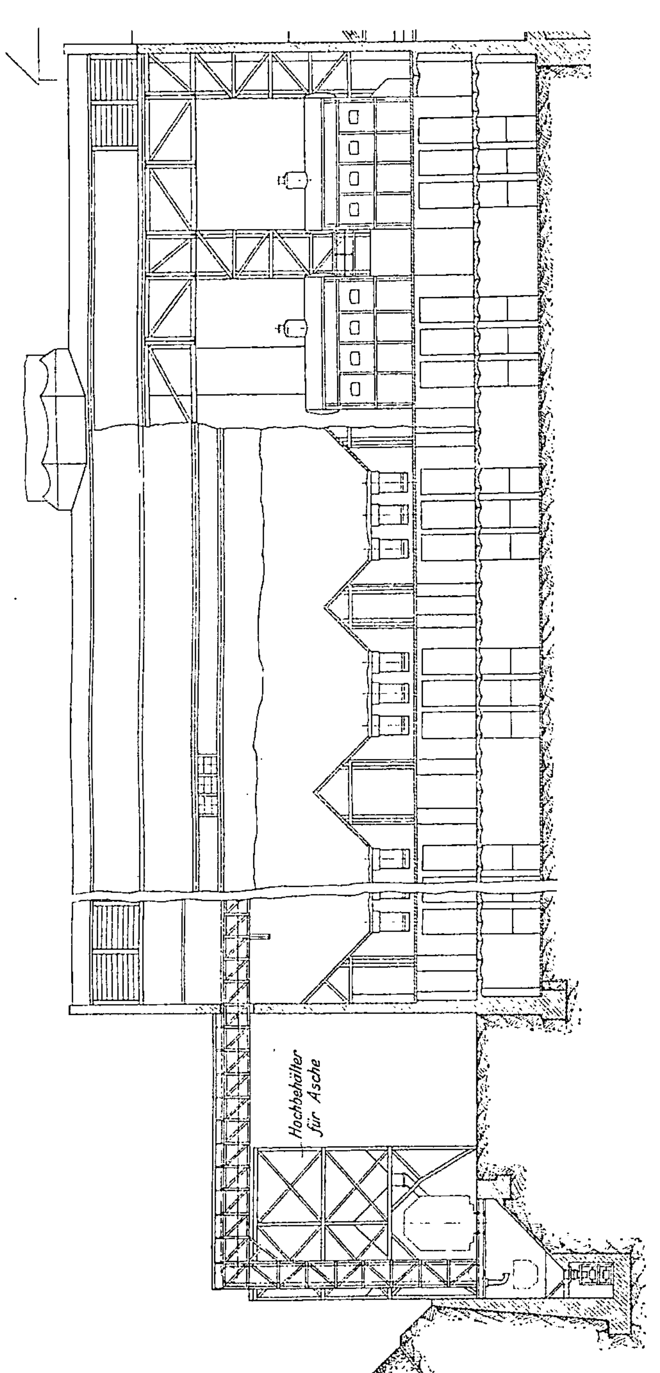

Abb. 89b. Längsschnitt durch das Kraftwerk.

Die Hochspannungsschaltanlage wurde nach den neuesten Erfahrungen möglichst einheitlich und zweckmäßig disponiert, wozu die Bedienung der Schalter durch Fernsteuerung in großem Maße beitrug.

Die sonstigen Einrichtungen, wie Laufkran usw., sind mit vorgesehen, so daß die Überschlagsberechnung die Kosten einer derartigen Zentrale vollständig gibt.

Was die bauliche Anordnung anbelangt, so wurde das Schalthaus vollständig von dem Maschinenraum getrennt und zwischen beiden ein vollständig geschlossener Raum für den Schalttafelwärter und den Betriebsleiter vorgesehen.

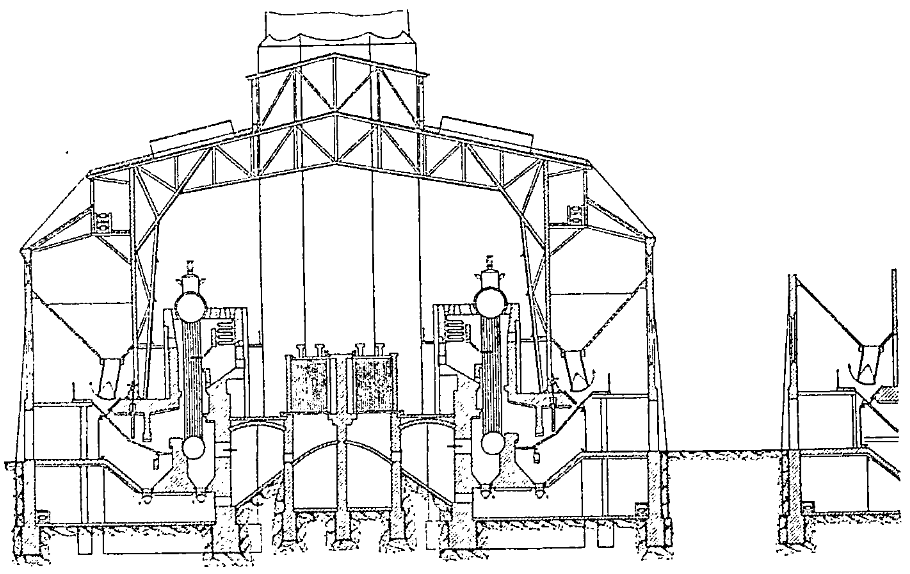

Abb. 90. Querschnitt durch das Kesselhaus.

Bei derartig großen Zentralen mit einem ausgedehnten Hochspannungsleitungsnetz ist die wichtigste Funktion die des Schalttafelwärters. Um ungestört sämtliche Vorgänge an den Maschinen und im Netz verfolgen zu können, muß er einen Raum für sich haben, der von dem Geräusch der Maschinen vollständig abgetrennt ist, und in dem er von einem Punkte aus sich jederzeit über die Stellung der Schalter, Belastung der Maschinen usw. unterrichten kann.

Der Betriebsleiter muß sofort zu erreichen sein. Sein Aufenthaltszimmer befindet sich daher unmittelbar neben der Schaltanlage, so daß er sofort den Schaltraum erreichen und mittels Fernsprecher von dort aus die Anweisungen zur Vornahme von Schaltvorgängen nach den einzelnen Unterstationen erteilen kann.

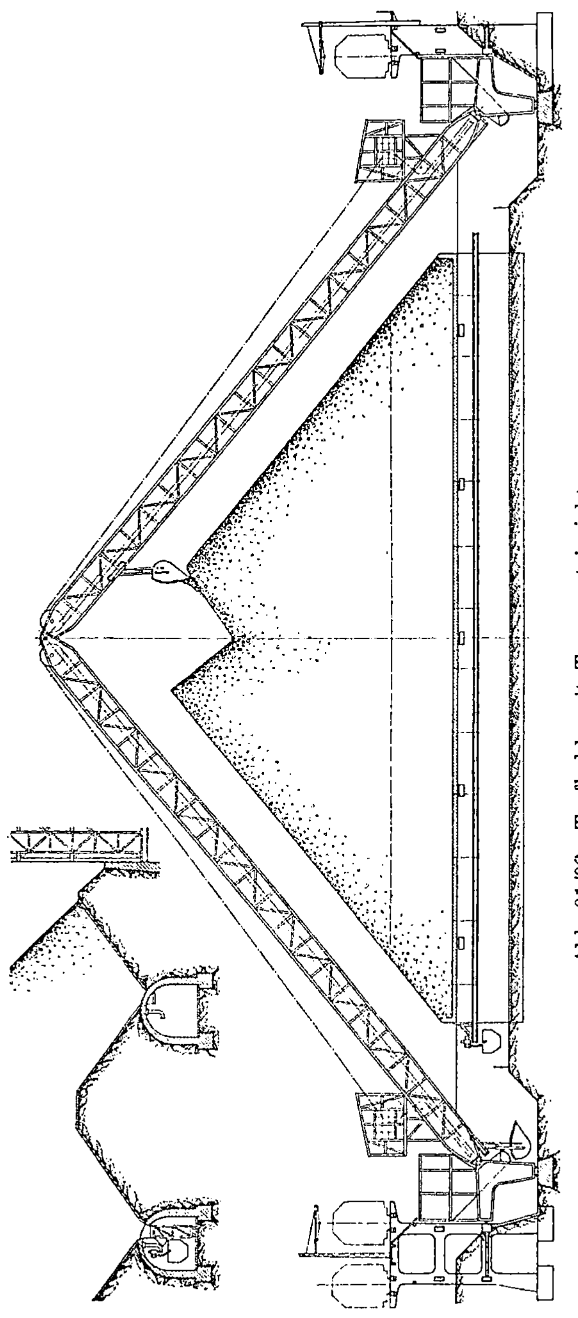

Abb. 91/92. Torfhalde mit Transporteinrichtungen.

Die Verbindung zwischen Schaltanlage und Maschinen geschieht durch elektrische Kommandoapparate für die einzelnen Maschinen und durch Lichtsignale mit Rasselklingeln für allgemeine Anordnungen für Maschinen- und Kesselhaus.

Spannung und Leistung und Stellung der Ölschalter der Maschinen werden durch Wiederholungssignale an jeder Maschine gekennzeichnet, so daß auch der Maschinist sich über diese für ihn wichtigen Vorgänge stets unterrichten kann.

Die Stellung der Ölschalter wird durch ein Glühlampenfeld mit kleinen roten Scheiben als Reserveanzeigevorrichtung im Schaltraum gekennzeichnet.

Zwischen Maschinen- und Kesselbau befindet sich ein geräumiger Pumpenraum zur Aufnahme der Kondensationspumpen und der Kesselspeisepumpen nebst Wasserreiniger.

Sowohl die Kondensationspumpen als auch die Kesselspeisepumpen werden durch Dampfturbinen angetrieben, um die Kondensationsanlage und die Kesselspeisung von einem zufälligen Auslösen sämtlicher Schalter bei einem schweren Kurzschluß unabhängig zu machen.

Andererseits ermöglicht diese Anordnung, die Kesselspeisepumpen fern von dem Staub des Kesselhauses zu halten, der gerade bei Torffeuerung für die Lebensdauer der Maschinen sehr nachteilig ist. Das Kesselhaus ist in zwei Teile geteilt. Die Achse beider Teile steht senkrecht zu der Maschinenhausachse, zwischen beiden sind Betriebsräume für die Arbeiter und ein Wasserturm zur Versorgung des Kraftwerkes und der Arbeiterkolonie mit Trink- und Gebrauchswasser vorgesehen. Auf die sorgfältige Ausbildung der Aschenfänge und ihre leichte Entleerung ist besonders großer Wert gelegt. Die Zuführung des Torfes und die Abführung der Asche erfolgt durch Conveyor. Der Torflagerplatz ist als eine große Halde ausgebildet mit darunter liegenden Entnahmeöffnungen für den Torf, der mittels Hängebahn nach den Schüttöffnungen der Conveyor gefahren wird. Während des Sommers entladen in diese Schüttöffnungen auch die Torfzüge. Die Beschüttung der Halde erfolgt durch die elektrisch betriebenen Selbstentladezüge mittels zweier Haldenkrane.

Die Untersuchung auf Gasmaschinen auszudehnen, ist nicht erforderlich, da die Anlagekosten bei Gasmaschinen, wie wir gezeigt haben, weit höhere werden.

Wir haben uns daher darauf beschränkt, die Kosten für das Kraftwerk auf die Dampfanlage zu beschränken, und zwar für Feuerung von Torf und von Steinkohle.

Bei Steinkohlenfeuerung haben wir 30 kg Dampf pro Stunde und Quadratmeter Heizfläche angenommen.

Die Kosten für den Lagerplatz vermindern sich für Steinkohlen dadurch, daß wir für die Stapelung und Entnahme der Kohle vom Lagerplatz Greiferbetrieb angenommen haben, während für Torf die Entnahme von unten erfolgt.

Anlagekosten für Torffeuerung.

1. Baulichkeiten.

Grunderwerb, Baulichkeiten für die Kraftstation 7300 m², 4 Schornsteine, Torfförderanlage für die Kesselhäuser, Bauliche Einrichtungen der Halde, Transporteinrichtungen der Halde, Wasserversorgung, Be- und Entwässerung, Wohnhaus für Betriebsleiter und Kaufmann, 15 Vierfamilienhäuser für Maschinisten und Heizer . . . . M. 3 465 000

2. Maschinelle Einrichtung.

a) Kesselanlage:

32 Kessel von je 412 m² Heizfläche, 16 Speisewasservorwärmer je 240 m², 5 Kesselspeisepumpen je 100 m³ pro Stunde, 1 Wasserreiniger 20 m³, 2 Zubringer für den Wasserreiniger, 2 Kreiselpumpen für Trink- und Gebrauchswasser, Rohrleitung . . . . M. 1 514 000

b) Maschinen und elektrischer Teil:

2 Drehstromturbodynamos je 6000 KW, 6000 Volt, 3 Drehstromturbodynamos je 12 000 KW, 3 Drehstromöltransformatoren je 1250 KVA, Übersetzung 6000 zu 15 000, 2 Drehstromöltransformatoren je 6000 KVA, Übersetzung 6000/100 000, 4 Drehstromöltransformatoren je 12 000 KVA, Übersetzung 6000/100 000, 3 Drehstromöltransformatoren je 200 KVA, Übersetzung 6000/500, 2 Drehstrom-Gleichstromumformer je 50 KW, 1 Batterie 20 KW, 1 Schaltanlage, Verbindungsleitungen . . . . M. 2 299 000

c) Verschiedenes:

1 Laufkran, 50 t, mit elektrischem Betrieb, 1 Laufkran, 6 t, 1 Werkstatt, Beleuchtung, Inventar . . . M. 71 000

Zusammenstellung:

1. Baulichkeiten . . . . „		3 465 000
2. Maschinelle Einrichtungen:		
a) Kesselanlage . . . . M. 1 514 000		
b) Elektrischer Teil . . . . . „ 2 299 000		
c) Verschiedenes . . . . „ 71 000	„	3 884 000
Bauleitung usw. . . . . „		151 000
	M.	7 500 000

Anlagekosten für Steinkohlenfeuerung.

1. Baulichkeiten.

Grunderwerb, Baulichkeiten für die Kraftstation, 6 Schornsteine, Kohlenförderanlage für die Kesselhäuser, Transporteinrichtungen für den Lagerplatz, Wasserversorgung, Be- und Entwässerung, Wohnhaus für Betriebsleiter und Kaufmann, 13 Vierfamilienhäuser für Maschinisten und Heizer . . . . M. 1915000

2. Maschinelle Einrichtung.

a) Kesselanlage:

24 Kessel von 450 m² Heizfläche, 24 Speisewasservorwärmer à 240 m², 5 Kesselspeisepumpen je 100 m³, 1 Wasserreiniger 20 m³, 2 Zubringer für den Wasserreiniger, 2 Kreiselpumpen für Trink- und Gebrauchswasser, Rohrleitung . . . . M. 1414000

b) Maschinen und elektrischer Teil, wie vorstehend M. 2299000

c) Verschiedenes, wie vorstehend . . . . M.   71000

Zusammenstellung:

A. Baulichkeiten		„ 1915000
B. Maschinelle Einrichtung:		
a) Kesselanlage	M. 1414000	
b) Elektrischer Teil	„ 2299000	
c) Verschiedenes	„ 71000	„ 3784000
Bauleitung		„ 131000
		M. 5830000

Bei der folgenden Rentabilitätsberechnung ist die Bauleitung anteilig auf Baulichkeiten und Maschinen verteilt.

	Torf	Steinkohle
Baulichkeiten	M. 3536000	M. 1959000
Maschinen	„ 3964000	„ 3871000
	M. 7500000	M. 5830000

	Torf	Steinkohle
a) Feste Ausgaben:		
Verzinsung 5%	M. 375000	M. 291500
Abschreibung:		
Baulichkeiten 1%	„ 35360	„ 19590
Dampfturbinen 4% . . .	„ 158560	„ 154840
Unterhaltung:		
Baulichkeiten 1% . . .	„ 17680	„ 9795
Dampfturbinen 3% . . .	„ 118920	„ 116130
Gehälter und Löhne . . .	„ 100000	„ 88000
Verwaltung	„ 100000	„ 100000
Steuern, Bureauunkosten usw.	„ 200000	„ 200000
	M. 1105520	M. 979855

b) Veränderliche Ausgaben:
Torf für die KW-St. wird ge-
rechnet 2,7 kg, Tonne Torf
frei Kesselhaus M. 4, Steinkohle: 1 kg KW/St., Tonne
M. 16, 100 Mill. KW-St.

an der Zentrale erzeugt .	M. 1 080 000	M. 1 600 000
Öl und Putzwolle	„ 100 000	„ 100 000
	M. 1 180 000	M. 1 700 000
a) Feste Ausgaben	„ 1 105 520	„ 979 855
b) Veränderliche Ausgaben . .	„ 1 180 000	„ 1 700 000
	M. 2 285 520	M. 2 679 855

Die Erzeugungskosten für die KW-St. betrugen also am Kraftwerke:

2,28 Pf.   2,68 Pf.

Man sieht hieraus, daß die Torffeuerung mit Steinkohlen konkurrieren kann, selbst in Orten, wo die Kohle infolge Zufuhr auf
dem Wasserwege zum Preise von 16 M. die Tonne erhältlich ist.

Die Preise für die Kohle sind an Hand der Statistik der Elektrizitätswerke in folgender Tabelle für eine größere Anzahl Orte
Deutschlands zusammengestellt:

Ort	Kohlenart	Heizwert WE	Preis M.
Aachen	Nußkohle aus dem Ruhrgebiet und Holland	7200	16,71
Amsterdam	Förderkohle aus dem Ruhrgebiet und aus England	6000	10,25
Bamberg	Ruhrkohle	7150	21,70
Barmen	„	7250	14,80
Basel	„	7250	25,80
Berlin	Deutsche u. englische Steinkohle	6308	16,21
Braunschweig	Förderbraunkohle	2900	7,00
Bremen	Deutsche und englische Kohle	6800	19,20
Cassel	Ruhrkohle	7883	20,25
Danzig	Englische u. westfälische Kohle	6680	13,65
Dresden	Böhmische Braunkohle	4200	10,23
Elbing	Oberschlesische Kohle	6950	15,34
Forst (Lausitz)	Lausitzer Braunkohle	2100	4,65
Freiburg i. Br.	Ruhrkohle	7802	22,46
Hamburg	Westfälische Kohle	7000	16,46
Königsberg i. Pr.	Englische u. westfälische Kohle	6053	17,94
Lodz	Oberschlesische Kohle	6600	29,50

Ort	Kohlenart	Heizwert WE	Preis M.
München	Oberschlesische Kohle	7000	28,4
St. Petersburg	Cardiffkohle	7700	24,28
Posen	Oberschlesische Kohle	7500	19,94
Shitomir	Russische Steinkohle	7000	30,00
Stettin	Englische Steinkohle	7100	16,83
Tilsit	Oberschlesische u. engl. Steinkohle	7300	20,40
Wien	Verschiedene Kohlensorten	6347	19,76

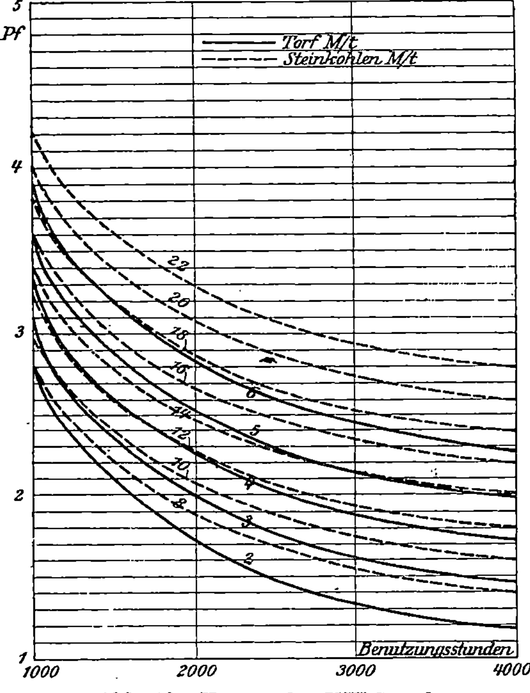

Abb. 93. Kosten der KW-Stunde im Kraftwerk.

Gleichzeitig haben wir in Abb. 93 die Kosten der KW-St. für die verschiedenen Kohlen- und Torfpreise und für die verschiedenen Benutzungsstunden aufgestellt.

Die Punkte, bei denen ein Betrieb mit Torf und Steinkohle gleiche Kosten für die KW-St. ergeben, sind aus den Kurven ohne weiteres ersichtlich.

Bei den hohen Benutzungsstunden ist angenommen, daß Energie zur Herstellung von Luftstickstoff in den Stunden der Nacht abgegeben wird.

Wenn man bedenkt, daß, außer elektrischer Energie zu einem sehr billigen Preise, Kulturboden kostenlos gewonnen wird, so müßte man mit allen Mitteln bestrebt sein, die Torfmoore ausschließlich in der Zukunft zur Kraftgewinnung heranzuziehen.

Der Preis von 4 M. die Tonne Trockentorf wird sich in den ungünstigsten Mooren erzielen lassen.

b) Beschaffung des erforderlichen Torfes.

Wir wollen nun zeigen, daß auch die Beschaffung des Torfes für ein derartiges großes Werk möglich ist. Vor Inangriffnahme der

Torfgewinnung ist es erforderlich, die Torffläche eingehend vorzubereiten. Diese Vorbereitung erstreckt sich zuerst auf das Abholzen, falls ein größerer Holzbestand vorhanden ist. Kosten hierfür werden kaum entstehen, da sie durch das gewonnene Brennholz bei weitem gedeckt werden. Mit der Abholzung gleichzeitig ist die möglichst weitgehende Entwässerung vorzunehmen, und zwar ist diese so frühzeitig in Angriff zu nehmen, daß zwischen Beendigung der vorläufigen Entwässerung und dem Beginn des Torfstechens ein Zeitraum von mindestens einem halben Jahre liegt.

Es ist zweckmäßig, einen Hauptsammelkanal anzulegen und diesen bis auf den Sand herunterzutreiben. Am Rande des Moores wird es erforderlich sein, die Umwallung des Moores zu durchstechen, damit ein natürliches Gefälle nach einem vorhandenen Vorfluter entsteht. Sollte es nicht möglich sein, eine natürliche Entwässerung zu schaffen, so ist eine eingehende Rentabilitätsberechnung darüber anzustellen, ob die künstliche Wasserförderung wirtschaftlich auszuführen ist, ob es vor allem möglich ist, die Entwässerung wirtschaftlich nach Abbau des Moores für den Betrieb der Landwirtschaft aufrechtzuerhalten.

Es wird sich empfehlen, für ein Torfwerk von dem vorher gedachten Umfange für diese Arbeiten einen Löffelbagger zu beschaffen, der für die Herstellung der Kanäle zweckmäßig mit einem besonders langen Löffelstiel auszurüsten wäre, um auch Gräben unterhalb des Gleises ziehen zu können. Es ist natürlich der Löffelbagger derart zu konstruieren, daß er auch ohne weiteres für die Torfgewinnungsarbeit mit Verwendung finden kann.

Von diesem Hauptsammelkanal gehen Hauptkanäle aus, die teilweise auch durch den Löffelbagger herzustellen sind, es richtet sich dieses nach der Abbaudisposition, auf die wir noch später zurückkommen werden.

Im Abstande von 50 m werden senkrecht zu dem Hauptkanal Entwässerungsgräben von ca. 1 m Tiefe und 2 m Breite gezogen, und dazu senkrecht weitere Gräben im Abstand von 12 bis 15 m, die dazu dienen sollen, die Oberfläche des Moores trocken zu legen, um sie zur Trockenfläche für die Soden vorzubereiten. (S. Abb. 106, rechte Seite.)

Ob diese Gräben mit einem besonders dazu konstruierten Bagger, mittels eines Pfluges oder von Hand ausgeführt werden müssen, richtet sich nach den örtlichen Verhältnissen und nach der Disposition über die vorhandenen Arbeitskräfte.

Der Torf aus den Entwässerungsgräben ist gleichmäßig zu verstreuen und einzuebnen und die ganze Oberfläche des Moores, der für die nächste Kampagne in Frage kommt, zur Ablegung der Torfsoden durch schwere Eggen, Walzen usw., die nach Art der elektrisch betriebenen Pflüge elektrisch angetrieben werden können, so weit einzuebnen, daß die Sodentransport- und Ablegevorrichtung ohne weiteres über das Feld laufen kann.

Das Abwerfen der Bunkerde hat gleichfalls durch besondere Baggereinrichtungen zu geschehen, und zwar wird es zweckmäßig sein, dieselbe durch besondere Baggervorrichtungen unmittelbar vor den Torfbaggermaschinen in der Arbeitsbreite derselben zu entfernen oder sie nach Abfuhr des Torfes abzutragen, so daß auch mit diesen Arbeiten eine Verteilung über die zeitlich vorhandenen Arbeitskräfte möglich ist.

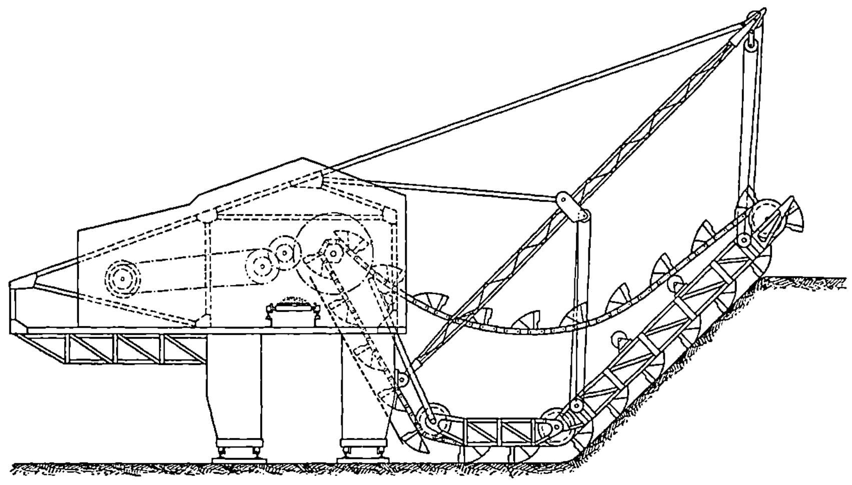

Abb. 94. Eimerketten-Baggermaschine.

Was die zur Torfgewinnung im Großbetriebe erforderlichen Baggervorrichtungen anbelangt, so müssen wir uns zuerst über die Menge der zu bewältigenden Torfmasse klar sein.

Rechnet man mit 100 Millionen KW-St. pro Jahr, die in dem Kraftwerke zu erzeugen sind und mit einem Torfverbrauch von 3,0 kg/KW-St., so sind pro Jahr 300000 t lufttrockenen Torfes zu erzeugen. Nimmt man andererseits an, daß pro m³ Torfmasse 150 kg lufttrockener Torf gewonnen werden kann, so sind jährlich 2 Millionen m³ Torfmasse zu baggern.

Die bis jetzt vorhandenen Torfbaggermaschinen leisten nach Bauart Dr. Wieland 35 m³ Torfmasse pro Stunde, nach Bauart Strenge 80 m³. Sollten diese beiden Torfbaggermaschinen zur Anwendung gelangen, so müßten bei jährlich 1600 Arbeitsstunden einmal 50, das andere Mal 16 Maschinen im Betrieb sein. Es ist also

ausgeschlossen, daß man mit diesen Maschinen für einen Großbetrieb
den Torf heranschaffen kann.

Die für große Erdarbeiten ausgeführten modernen Eimerketten-
baggermaschinen leisten 700 bis 800 m³ Erde pro Stunde. Es wird

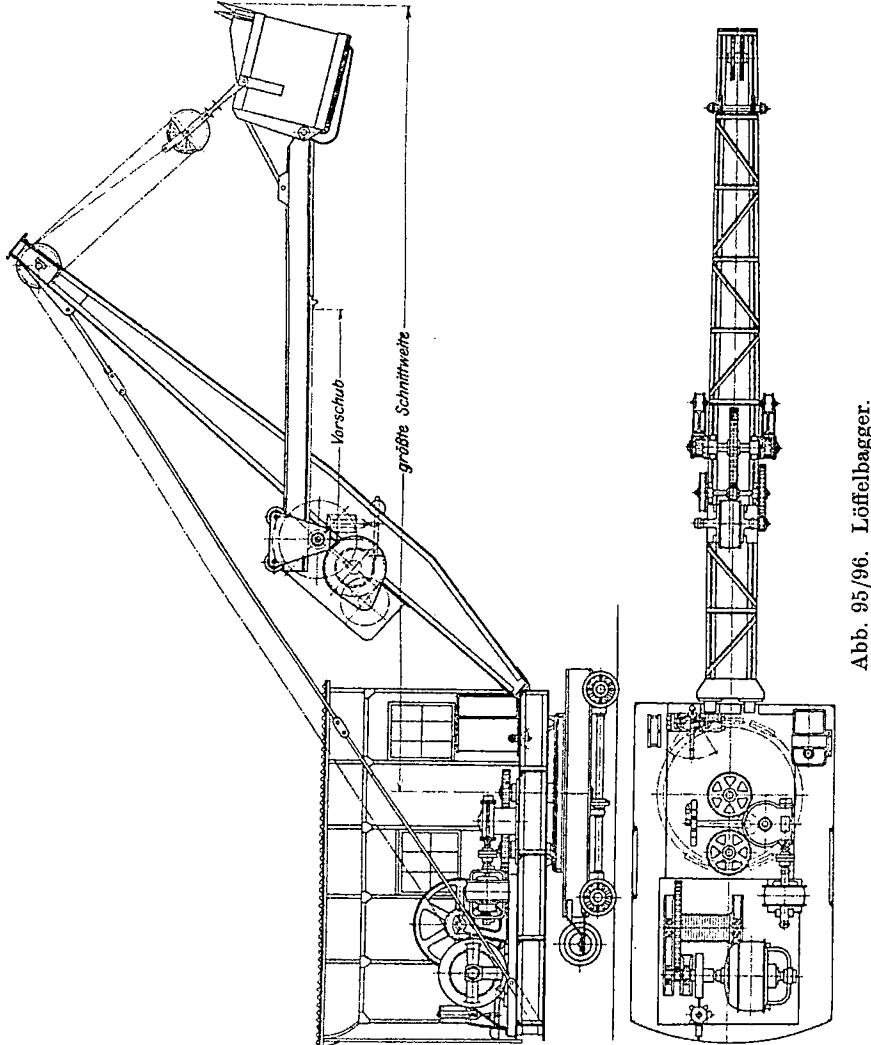

Abb. 95/96. Löffelbagger.

Schwierigkeiten machen, Maschinen von dieser Leistung dem Betriebe
anzupassen, es wird daher eine höchste Arbeitsleistung pro Stunde
von ca. 200 m³ angenommen werden müssen,. d. h. sechs Maschinen
für obige Arbeitsleistung, bei täglich 20 Stunden Arbeitszeit. Paul-

mann, Blaum und Richter haben in der Zeitschrift des Vereines deutscher Ingenieure in den letzten Jahren verschiedentlich interessante Arbeiten über große Baggermaschinen veröffentlicht. Es eignen sich von den dort angeführten Typen hauptsächlich die Bagger der Lübecker Maschinenbaugesellschaft[1]). An Hand dieser ausgeführten Maschinen haben wir nunmehr eine Type entworfen, die sich für den Torfbaggerbetrieb eignen dürfte (Abb. 94). Die Eimerkettenleiter müßte natürlich so gebaut sein, daß einseitiger Schlitzbetrieb mit dem Bagger ausgeführt werden kann, weil es zweckmäßig ist, eine Mindestbaggertiefe von 4 m sicherzustellen und diese Bagger-

Abb. 97. Löffelbagger (Schaubild).

tiefe gleichmäßig einzuhalten, um ein systematisches Ablegen der Soden zu ermöglichen.

Die Eimerleiter muß zweckmäßig als Knickleiter ausgeführt werden, um einen gleichmäßigen Anschnitt der Torfmasse zu erzielen. Es wäre technisch wohl möglich, die Knickleiter so zu gestalten, daß auch ein Abbunken mit derselben möglich ist, indem man die Knickpunkte in eine horizontale Ebene bringt, jedoch halten wir dieses nicht für zweckmäßig und würden wir vorschlagen, das Abbunken durch einen besonderen Bagger, der getrennt betrieben wird, vorzunehmen. Wir halten die getrennte Anordnung für zweckmäßig, weil dadurch das Abbunken auf eine Zeit verlegt

---

[1]) Z. 09, S. 1026 u. 1028.

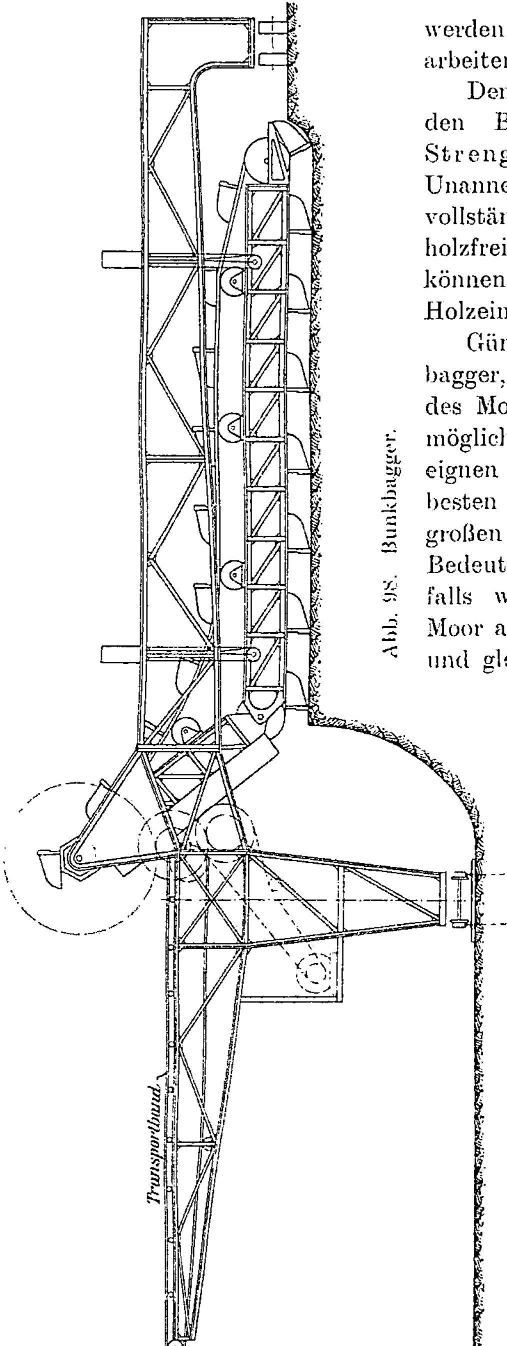

werden kann, wo die übrigen Torf-
arbeiten zum größten Teil ruhen.

Den Eimerkettenbaggern, d. h. auch
den Baggern von Dr. Wieland,
Strenge und Ekelund, haftet die
Unannehmlichkeit an, daß sie nur für
vollständig oder nahezu vollständig
holzfreies Moor Verwendung finden
können, während sie im Moor mit
Holzeinschluß vollständig versagen.

Günstiger arbeiten hierfür die Greifbagger, jedoch ist mit ihnen ein Mischen
des Moores aus allen Schichten nicht
möglich. Nach Ansicht des Verfassers
eignen sich für den Torfgroßbetrieb am
besten die Löffelbagger, die auch bei
großen Erdarbeiten immer mehr an
Bedeutung gewinnen. Sie können gleichfalls wie die Eimerkettenbagger das
Moor aus allen Schichten durchmischen
und gleichzeitig sind sie imstande alle
Holzeinschlüsse des Moores
ohne weiteres zu entfernen,
und es ist nicht nötig, irgend-
welche Rodungsarbeiten vorzunehmen, da sie die Stubben
ohne weiteres mit entfernen
können (Abb. 95—97). Die
Leistung der Löffelbagger ist
mit Leichtigkeit auf 200 bis
300 m^3 pro Stunde zu erhöhen,
da ohne besonders große Er-
höhung der Größe der Mo-
toren der Eimerinhalt auch
über 3 m^3 vergrößert werden
kann. Im Gegensatz zum
Baggern von Erde, Kohlen,
Ton und Felsgeröll ist der
Schnittwiderstand im Torf
verhältnismäßig gering. Die
bei dem Eimerkettenbagger-
betrieb in noch nicht besonders gut entwässertem Moor

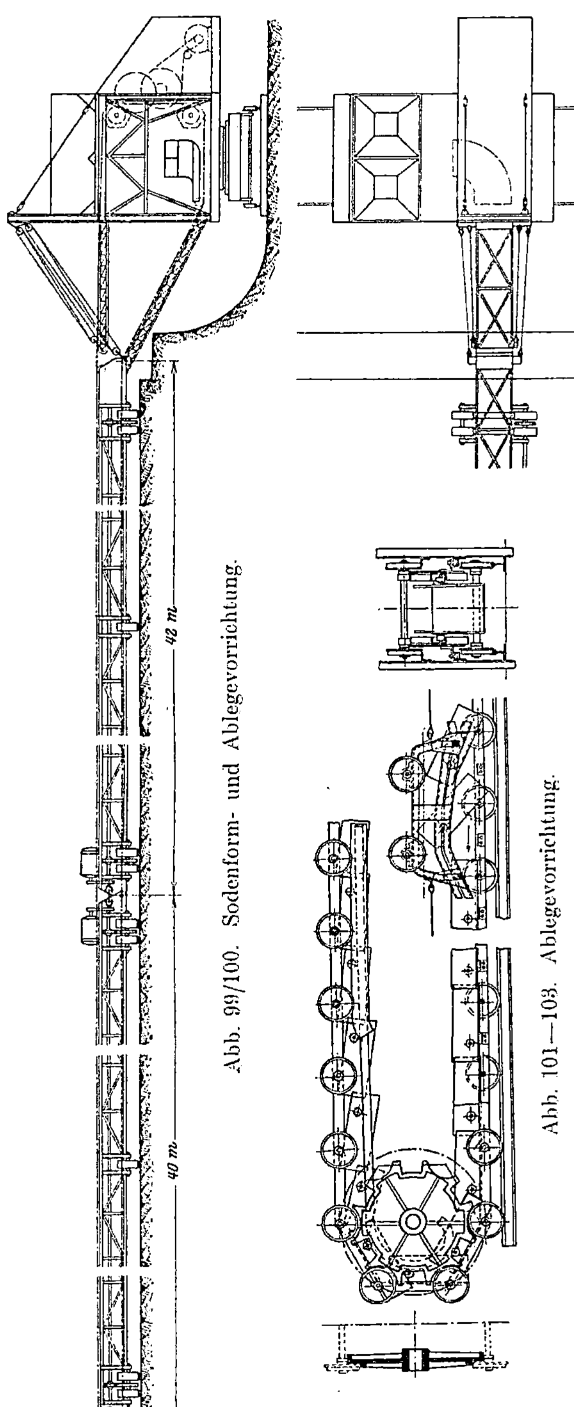

so gefürchteten Rutschungen haben für den Betrieb mit dem Löffelbagger absolut keine Bedeutung.

Das Abbunken müßte auch, wie vorhin schon erwähnt, durch besondere Eimerkettenbagger geschehen (Abb. 98). Die Verteilung der Bunkerde geschieht automatisch durch ein Transportband mit Abwurfvorrichtung.

Der Löffelbagger befördert das Rohmaterial in die Sodenformmaschine, die doppelt vorhanden und mit der Ablegevorrichtung auf einem Fahrgestell montiert ist. Sie unterscheidet sich durch nichts von den modernen Konstruktionen, nur wird es zweckmäßig sein, die Soden von der Presse durch Winkelrollen nach dem Transportband zu befördern, damit ein gleichmäßiges Beladen desselben stattfindet. Die Abschneidevorrichtung wird automatisch betätigt. Bei Moor mit Holzeinschlüssen dürfte zweckmäßig über dem Einwurftrichter ein Rost vorzusehen sein, um die großen Holzstücke von dem Zerreißwerk fernzuhalten. Die Bedienung der Presse würde durch einen Arbeiter ausgeführt werden können.

Die Größe des Transportbandes mit Ablegevorrichtung ergibt sich aus der Leistung des Baggers. Nimmt man an, daß das Moor 4 m tief ist und die Arbeitsbreite 10 m beträgt, so müßte das Transportband in der Lage sein für 1 m Arbeitsbreite 40 m³ Torfmasse abzulegen. Die Verdichtung der Pressen wird mit 1,5 angenommen, die Größe der Soden $400 \cdot 110 \cdot 110 = 4,61$ l und für Zwischenräume werden $30\,^0/_0$ in Ansatz gebracht. Die Länge des Ablegers ergibt sich hieraus zu ca. 80 m. Wie die Abb. 99/100 zeigen, ist der erste Teil des Ablegers mit dem Fahrgestell verbunden, das auf dem enttorften Teil des Moores steht, während der zweite Teil auf einem Fahrgestell ruht, das auf dem Moore auf einem Gleise läuft. Dadurch wird verhindert, daß die Böschung beansprucht und ein Abrutschen eintreten kann.

Die Ablegevorrichtung selbst ist aus Abb. 101—103 ersichtlich, eine Konstruktion, wie sie von der Berlin-Anhaltischen Maschinenfabrik zum Absetzen von Ziegeln gebaut wird. Bei dieser Anordnung werden die Soden sehr geschont, da die drehbaren Eisenplatten unmittelbar über der Erde hinstreichen. Das Abladen bzw. Kippen der einzelnen Blechplatten der Transporteinrichtung geschieht durch einen fahrbaren Wagen, der von dem Mann, der den Sodenableger bedient, mittels Kurbel und Seil leicht verschoben werden kann. Zum Antrieb wird ein Motor von ca. 15 PS erforderlich werden.

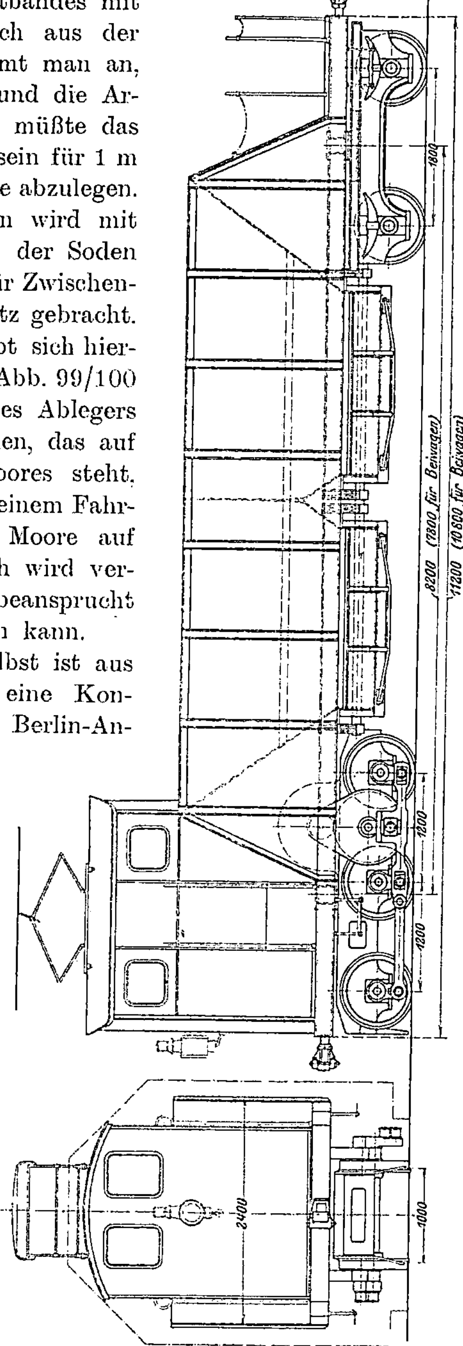

Abb. 104/105. Selbstentlade-Triebwagen.

Das Aufsetzen des Torfes zu Haufen geschieht durch Arbeiterinnen von Hand (Abb. 42, S. 47). Die durch den Sodenableger bestrichene Fläche genügt natürlich auch zum · Aufsetzen des Torfes.

Zum Transport der lufttrockenen Soden von dem Felde nach dem Kraftwerk sind vier Vierwagenzüge vorgesehen. Der erste und letzte Wagen ist als Motortriebwagen (Abb. 104/105) ausgebildet und enthält ein dreiachsiges Triebgestell mit einem Motor. Darüber ist der Führerstand mit dem elektrischen Teil eingebaut. Die Triebgestelle sind so eingerichtet, daß sie ohne weiteres auch für andere Wagen, Personen- und Plattformwagen benutzt werden können, um ein bequemes Auswechseln bei Defekten zu ermöglichen. Der ganze Wagenzug faßt 100 m³ entsprechend 70 t lufttrockenen Torfes.

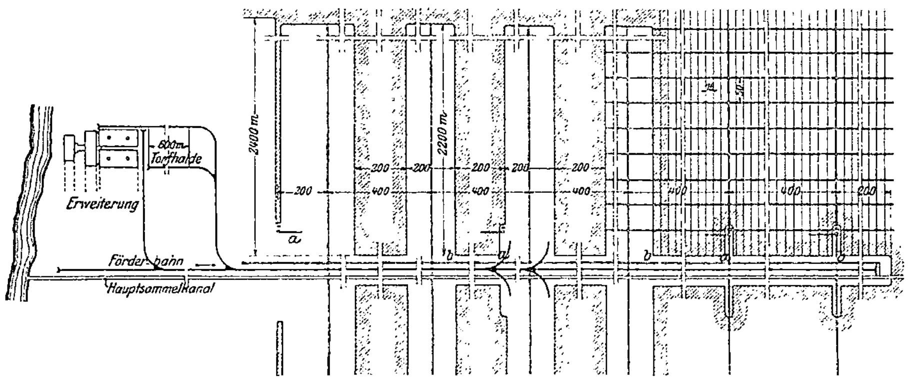

Abb. 106. Abbauplan.

Zum Beladen des Zuges wird ein Transportband vorgesehen, das entsprechend der Sodenablegevorrichtung auszuführen wäre. Die Leistung des Transportbandes beträgt 100 m³ in der Stunde. Das Beladen des Bandes würde zweckmäßig durch einen automobilen Elevator erfolgen. Das Lagern des Torfes im Winter auf dem Moore ist nicht zweckmäßig. Der Feldbahnbetrieb wird durch Schnee und Eis beeinträchtigt und andererseits muß die Trockenfläche für die Arbeit des neuen Jahres vorbereitet werden.

Wir haben in Abb. 106 eine Abbaudisposition des Moores für 300 000 t lufttrocknen Torfs jährlich entworfen unter der Annahme, daß das Moor im Mittel 4 m tief ansteht. Die Baggermaschinen usw. stehen auf dem abgetorften Teil, auf dem Untergrunde des Moores. Hierbei ist angenommen, daß der Betrieb schon längere Zeit gedauert hat, so daß der Abbau ca. 3 km von dem Kraftwerk entfernt liegt.

Mitten durch die abzutorfende Fläche läuft ein Einschnitt, der den Hauptentwässerungsgraben und die festliegende Förderbahn aufnimmt. (S. auch Abb. 107.) Senkrecht dazu sind Nebeneinschnitte gezogen, in denen der Abbau stattfindet. Links sieht man den letzten Schnitt, die Ablegevorrichtung legt bereits auf dem abgetorften Teil ab, in der Mitte der letzte Schnitt mit Ablegevorrichtung oben, rechts Beginn des Abbaues. Die Gesamtdisposition entspricht Abb. 36. Aus der Abbildung rechts ist gleichzeitig zu ersehen, wie die Entwässerung des Torfmoores gedacht ist. (S. Seite 19.)

Die Abstände der Arbeitseinschnitte sind durch die Länge der Ablegevorrichtungen gegeben und betragen bei einer Länge derselben von ca. 90 m 400 m. Der Bagger wird beim Punkt a angesetzt, durchläuft den Einschnitt auf beiden Seiten, geht in dem nächsten Einschnitt einmal hin und einmal zurück und hat bei Punkt b seine Jahresarbeit vollendet. Bei der Annahme, daß 6 Bagger gleichzeitig in Arbeit sind, ist bei Abbaudisposition Abb. 106 eine Fläche

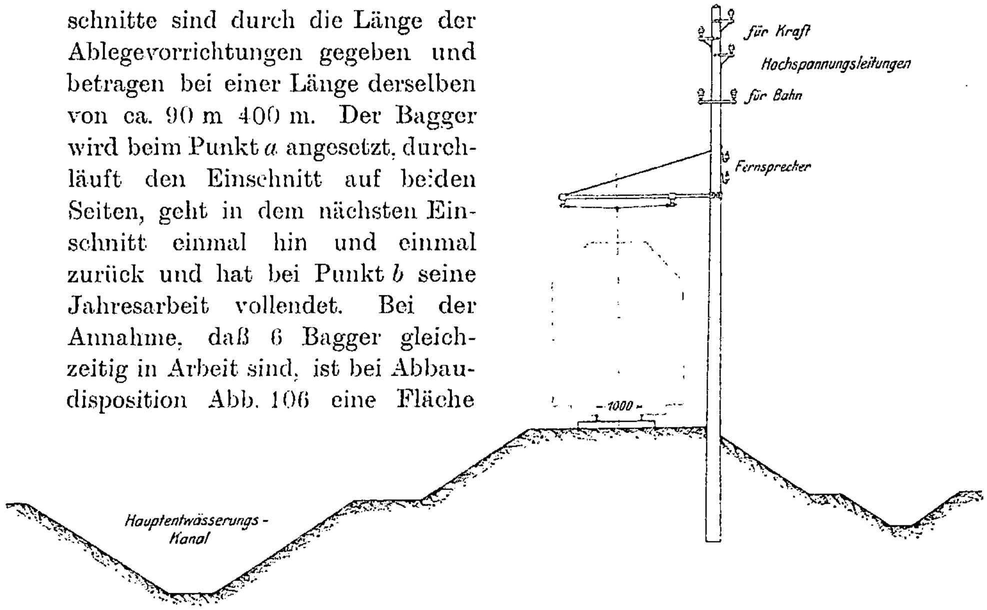

Abb. 107. Schnitt durch den Haupteinschnitt.

von 1100 ha unter Abbau. Die Nutzung zu Ackerbau bzw. Weidebetrieb könnte zum Teil mit dem Abtorfen betrieben werden.

Die Anzahl der Abbaueinschnitte ist natürlich von der Flächengestaltung des Moores und der Lage des Hauptsammelkanals abhängig, jedoch muß in jedem Fall darauf Rücksicht genommen werden, daß die Länge dieses Kanals nicht zu groß wird, da sich der Abbau sonst auf eine zu große Länge hinzieht und unübersichtlich wird. Andererseits ist darauf Rücksicht zu nehmen, daß die Länge der Förderbahn möglichst gering und der Betrieb möglichst einfach wird, daß Überholungen in dem Hauptgleis nicht eintreten.

Die von uns gewählte Länge des Einschnittes von 2 km, also zwei Einschnitte pro Bagger, dürfte die zweckmäßigste sein.

Zur Versorgung der Apparate mit elektrischer Energie und zum Betrieb der Feldbahn sind auf dem Gestänge der Fahrleitung des Hauptgleises eine Drehstromleitung und eine Einphasenleitung verlegt. Das Heruntertransformieren auf die Motorenspannung, die zweckmäßig 500 Volt beträgt, erfolgt durch fahrbare Transformatoren, die an geeigneten Stellen in Abzweigen des Hauptgleises aufgestellt werden. In den Arbeitseinschnitten wird die Arbeitsleitung auf ein besonderes Gestänge verlegt, um die Fahrleitung möglichst leicht ausführen zu können, da dieses Gleis nach dem Fortschreiten des Abbaues in jedem Jahr verschoben werden muß.

c) Kosten der Torfgewinnung.

Es wird nun interessieren, festzustellen, wie hoch sich die Betriebskosten unter den vorherigen Annahmen stellen und was die Tonne lufttockenen Torfes frei Kesselhaus kostet. Wir müssen daher eine überschlägige Kostenrechnung aufstellen und die jährlichen Betriebsausgaben errechnen.

Anlagekosten.

10 km Hauptgleis von 1 m Spurweite mit Fahrleitung und Speiseleitungen für Kraft- und Bahnbetrieb, à 30000 M.	300000 M.
40 km Nebengleis mit Fahrleitung à 25000 M. . .	1000000 „
25 km Arbeitsleitung à 2500 M.	62500 „
2 fahrbare Transformatorstationen für Kraft à 10000 M.	20000 „
1 fahrbare Transformatorstation für Bahn . . . „	10000 „
6 Löffelbagger für je 200 m³ Leistung mit Zubehör à 100000 M.	600000 „
6 Sodenpressen mit Transportvorrichtung à 30000 M.	180000 „
2 Bunkbagger à 30000 M.	60000 „
4 Vierwagenzüge à 80000 M.	320000 „
3 Transportbänder mit Elevatoren	50000 „
2 Plattformmotorwagen à 22500 M.	45000 „
1 Arbeiterzug, bestehend aus 1 Triebwagen und 2 Anhängewagen	52500 „
Unterkunftsräume, Kantine usw.	100000 „
	2800000 M.

Betriebsausgaben.

Verzinsung 5%		140000 M.
Abschreibung:		
Baulichkeiten 1%	1000 M.	
Maschinen 5%	135000 „	136000 „
	Übertrag:	276000 M.

Übertrag: 276 000 M.

Unterhaltung:

Baulichkeiten $^1/_2\,^0/_0$	500 M.	
Maschinen 5 $^c/_0$	135 000 „	135 500 „

Stromkosten:

Bagger, geschätzt nach den Angaben für Dampfbagger 2 250 000 m³ à 0,05 M.	112 500 „
Für Sodenpressen und Transporteinrichtung	17 500 „
„ Transportvorrichtungen	1 000 „
„ Feldbahnen 3 000 000 t/km à 30 Watt	3 150 „

Arbeitslöhne:

1 Oberaufseher, gleichzeitig zweiter Obermaschinist des Kraftwerkes, anteilig	2 000 „
3 Aufseher	6 000 „

für 6 Bagger nebst Ablegevorrichtung (je 1670 Arbeitsstunden = 85 Tage à 20 Stunden = 2 000 000 m³):

12 Maschinisten = 20 000 Arbeitsstunden à 0,60 M.	12 000 „
12 Arbeiter = 20 000 Arbeitsstunden à 0,40 „	8 000 „
36 Gleisleger = 60 000 „ à 0,40 „	24 000 „

für 2 Bunkbagger (je 625 Arbeitsstunden = 63 Tage
à 10 Stunden = 250 000 m³):

2 Maschinisten = 1250 Arbeitsstunden à 0,60 M.	750 „
4 Arbeiter = 2500 Arbeitsstunden à 0,40 M. . .	1 000 „

für 3 Transportbänder (je 1000 Arbeitsstund. = 100 Tage
à 10 Stunden = 300 000 t):

3 Maschinisten = 3000 Arbeitsstunden à 0,60 M.	1 800 „
12 Arbeiter = 12 000 „ à 0,40 „	4 800 „

für 4 Züge:

4 Maschinisten = 4000 Arbeitsstunden à 0,60 M.	2 400 „
24 km Gleisrücken	4 800 „

Arbeitsleitung:

1 Monteur = 2000 Arbeitsstunden à 0,60 M.	1 200 „
3 Arbeiter = 6000 „ à 0,40 „	2 400 „

Fahrleitung:

1 Monteur = 2000 „ à 0,60 „	1 200 „
3 Arbeiter = 6000 „ à 0,40 „	2 400 „

Entwässerung:

35 km Gräben, neu	2 100 „
600 km Gräben nachputzen	6 000 „
Sonstiges	31 500 „

660 000 M.

entsprechend M. 2,2 für die Tonne Trockentorf.

Hierzu treten noch die Kosten für das Aufsetzen, die mit M. 0,3 bei einmaligem, M. 0,48 bei zweimaligem Aufsetzen in Anrechnung zu bringen sind.

Die Tonne Trockentorf kostet also an der Halde des Werkes M. 2,5 bzw. 2,68.

Art der Arbeiten	Monat											
	Jan.	Febr.	März	April	Mai	Juni	Juli	Aug.	Sept.	Okt.	Nov.	Dez.
Roden	▨											
Neue Gräben							▨	▨				
Gräben nachputzen										▨	▨	
Abbunken									▨	▨		
Baggern				▨	▨	▨						
Aufsetzen 1×						▨	▨	▨				
2×						▨	▨	▨				
Abfahren							▨	▨	▨			
Gleisrücken									▨	▨	▨	

Abb. 108. Arbeitsplan.

Um eine Übersicht über die einzelnen Arbeiten während der einzelnen Monate zu erhalten, haben wir in Abb. 108 einen Arbeits-, plan für das Betriebsjahr aufgezeichnet. Man ersieht aus diesem

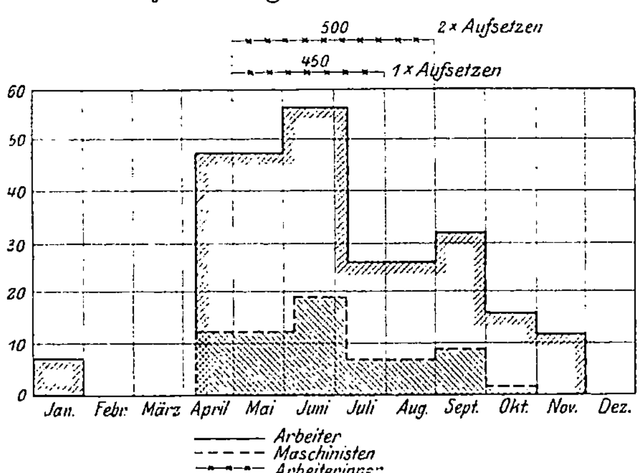

Abb. 109. Arbeiterbedarf.

daß durch richtige Verteilung der Arbeiten über das ganze Jahr eine verhältnismäßig ausgleichende Wirkung eintritt, natürlich wird ein vollständiger Ausgleich nicht eintreten können, da die Hauptarbeiten sich auf die Sommermonate zusammendrängen.

Abb. 109 zeigt die Anzahl der Arbeiter und Arbeiterinnen während der einzelnen Monate des Jahres ohne Berücksichtigung der erforderlichen Arbeiter für Reparaturen usw.

Man sieht aus diesen Aufstellungen, wie wichtig es ist, Maschinen großer Leistung aufzustellen und daß dadurch die Anzahl der Arbeiter beträchtlich erniedrigt wird.

Falls es noch gelingen sollte, das Aufstellen (Aufhäufeln) der Torfsoden durch Maschinen bewerkstelligen zu lassen, wird sich die immerhin große Anzahl der Arbeiterinnenstunden für diese Arbeit erniedrigen lassen.

Das Maschinistenpersonal wird man zum größten Teile aus dem Personal des Kraftwerkes bzw. Hochspannungsnetzes entnehmen können, da die Belastung im Sommer eine verhältnismäßig niedrige ist.

Schlußwort.

Aus den vorstehenden Berechnungen ergibt sich, daß der Torf nicht nur geeignet ist zum Betriebe großer Kraftwerke, sondern daß auch die Herstellungskosten der elektrischen Energie weit unter denen bleiben, die in Kraftwerken mit Steinkohlenbetrieb, die nicht unmittelbar in Steinkohlenfeldern liegen, erzielt werden.

Es ist gezeigt worden, daß es möglich ist, die Torfbeschaffung selbst für derartig große Werke, wie sie zurzeit in Deutschland nur vereinzelt vorkommen, vorzunehmen. Dieses ist bis heute von allen Seiten bestritten worden.

Die Nutzung des Torfes für Gewinnung elektrischer Energie schafft außerdem die Möglichkeit, die Kosten für Urbarmachung der Moore auf das Mindestmaß herabzudrücken.

Im Interesse des Staates, der mit allen Mitteln die Kultivierung der Moore anstrebt, als auch der Landwirte und Industriellen, die einen Bedarf nach elektrischer Energie haben, liegt es nun, Mittel und Wege zu finden, diese beiden Faktoren in geeigneter Weise zu vereinigen. Nach Vorgängen aus der letzten Zeit der Versorgung weiter Landstriche mit elektrischer Energie ist dieses wohl möglich.

Dieses ist immerhin das Schwierigste, da die technische Seite des Unternehmens durchaus einfach ist. Die Aufgabe vorliegender Schrift ist erfüllt, sobald durch große Unternehmungen das Wohl des Staates und seiner Bevölkerung auch in der Nutzung des Torfes weiter verfolgt wird.

Quellennachweis.

Aiton, W., Treatise on the Origin, Qualities and Cultivation of Moss-Earth. 1811.
Anderson, Gunner, Essays on Peat Mosses of Finland. 1899.
Argyll, Duke of, Post-Tertiary Lignite and Peat Bed in the District of Kintyre, Argyllshire.
Bach, A., „Peat Fuel", Proceedings of Institute of Civil Engineers. 1900.
Bagnall, Jas. E., Handbook on Mosses.
Bailey, W. F., The Woods, Forests, Turf-bogs and Foreshores of Ireland. 1890.
Balfour, E., Cyclopaedia of India. 1855.
Baumann, Dr., Die Moore und die Moorkultur in Bayern. 1898.
— Results of Investigations during the past Ten Years of the Bernau Bog. 1899.
Baurs Zentralblatt, S. 88. 1881.
Beckmann, Johann, History of Inventions, Discorveries and Origin. 1814.
Bericht über die Verhandlungen und Exkursionen der Versammlung von Torfinteressenten zu Königsberg 1873.
Bersch, Dr. Wilhelm, Die Verwertung des Torfes. Wien 1902.
— Handbuch der Moorkultur. 1902.
Birnbaum, Dr., Über das Moorbrennen. Glogau 1872.
— E. und K., Die Torfindustrie und die Moorkultur. 1880.
Bosc, Ernest, Traité Complet de la Tourbe. 1870.
Bosch, A. Ten, und Verschoor, E. C., Turfvergassing. Deventer 1910.
Bornträger, H., Zur Analyse des Torfes. 1900.
Bosselmann, Gustav, Torfverwertung in Europa. 1861.
Braithwaite, R., Sphagnum and Peat Mosses of Europe and North America. 1880.
Breitenlohner, J. J., Torföle und ihre Aufbereitung.
— Über den gegenwärtigen Stand der Torffabrikation in Oldenburg und Hannover.
— Torffabrikation. 1872.
— Torfreviere und Torfwerke Oberbayerns. 1857.
— Das Paraffin: dessen Aufbereitung aus Torfteer und Verwendungsarten.
— Die Zugutebringung der Behandlungsabfälle bei der Aufbereitung des Torfteers auf Paraffin und Leuchtöle.
— Moorboden.
— Maschinen-Backtorf und Hodgsons Drahtseilbahn. 156.
Brande, Prof., F. R. S., „Peat and its Products", Proceedings of Royal Society. 1851.
Brodie, J. (Penn), The Origin and Growth of Peat.
Brünings, K., Der forst- und landwirtschaftliche Anbau der Hochmoore. Berlin 1881.

B y r n e, A. S., Peat in the Manufacture of Iron. 1841.

C a r t e r, W. E., „Peat Fuel: its Manufacture and Use", Bureau of Mines. Ontario 1903.

C h a l m e r s, R., LL. D., Mineral Resources of Canada. 1905.

C l a r k e, D. K., C. E., „Torbite; a new preparation of Peat," Annual Report of British Association (Transactions). 1866.

D a l y, J. B., Glimpses of Irish Industries. 1889.

D a n a, J. D., M. A., LL. D., Manual of Geology. 1863.

D a w s o n, Sir J. W. and H a r r i n g t o n, Dr. B. J., Report on the Geological Structure and Mineral Resources of Prince Edward Island. 1871.

D e B r u g h a t, C h a l l e t o n, M., De la Tourbe. 1858.

v. D e c h e n, Die nutzbaren Mineralien und Gebirgsarten im Deutschen Reiche. Berlin 1873.

D e n n i s, R o b e r t, Industrial Ireland, Bd. 2. 1887.

D i n g l e r s polytechnisches Journal.

D r o n, R. W., Coal Fields of Scotland. 1902.

D u l l o, Dr., Torfverwertungen in Europa. 1861.

— Report upon the Systems of working Turf in Europe. 1861.

E k e l u n d, H., Die Herstellung komprimierter Kohle aus Brennstoff. Leipzig 1892.

E l l i s, N. W., „Peat Industry of Canada", Bureau of Mines. Ontario 1893.

E l s d e n, J. V., Applied Geology. 1899.

E n g i n e e r.

E s q u i r o s, A l p h o n s e, La Neerlande et la Vie Hollandaise. 1859.

F e i l i t z e n, C. von, Gödslingsförsök utförda of Svenska Mosskulturföreningen. „Finska Mosskulturföreningens Arsbok". Helsingfors.

F i s c h e r, Dr., Kraftgas. Leipzig 1911.

F i s c h e r, R., Über den Heizeffekt des Torfes und seine künstliche Bearbeitung.

F l e i s c h e r, Dr., Die Verpflichtungsbedingungen zur Sicherung zweckmäßiger Ausnutzung zu verpachtender Moore und Torfländereien. Bericht über die Tätigkeit der Zentralmoorkommission, 1. bis 11. Sitzung, S. 106.

— Die Entwicklung der Moorkultur in den letzten 25 Jahren. 1908.

— R., Über den Heizeffekt des Torfes und seine künstliche Bearbeitung.

F r e d r i k s o n, N i l s, New System of the Manufacture of Peat Briquettes. 1902.

F r i t c h, F. E., B. Sc., Ph. D., „Peat and its Mode of Formation", Knowledge and Scientific News. August 1904.

F r ü h, J., Torf und Dopplerit. 1883.

G a v e n l o c k, W., „Peat and its Uses", The Cultivator and Country Gentleman. 1875.

G e i k i e, J a m e s, „Peat Mosses", Transactions of Royal Society of Edinburgh. 1866.

— Great Ice Age 1877.

G i b s o n, T. W., „Peat as a Fuel", Mineral Association of Canada. 1893.

G i l l, A. H., S. B., Ph. D., Gas und Fuel Analysis for Engineers. 1902.

G r a e b n e r, Die Heide Norddeutschlands. 1903.

G r a h a m, Major, „Account of the Improvement of 130 Acres of Land covered by Peat to a depth of 10 feet", Transactions Highland and Agricultural Society of Scotland, IX. 1832.

G u n n, W., F. G. S., C. T., C l o u g h, M. A., and H i l l, J. B., R. N., Geology of Cowal, Scotland. 1897.

G y s s e r, R u d o l f v o n, Der Torf: seine Bildung und Bereitungsweise. Weimar 1864.

H a u s d i n g, A., Handbuch der Torfgewinnung und Torfverwertung. Berlin 1904.

Hausding, A., Die Torfwirtschaft Süddeutschlands und Österreichs. Berlin.
Hayes, W. Bennet, C. E., Peat and its Profitable Employment. 1871.
Heusinger von Waldegg, Die Kalk- und Zementfabrikation. Leipzig.
Hedeseskabets Tidskrift Aarburs.
Hitchcock, Dr., Geology of Massachusetts. 1833.
Holland, History of Fossil Fuel.
Holmes, E. M., Handbook on Mosses.
Holtz, Dr., Über Torfverkohlung. 1897.
Hunt, T. S., Peat and its Uses. Canada 1884.
Jablonsky, M., Mitt. d. Ver. z. Förd. d. Moorkultur im Deutschen Reiche. 1898.
Jack, Edward, Moss-Litter. 1893.
De Ingenieur.
Johnson, S. W., A. M., Peat and its Uses as a Fertiliser and Fuel. 1866.
— Dr. T., F. L. S., Irish Peat Question. 1899.
Journal für Gasbeleuchtung und Wasserversorgung.
Jünger, O., Die Torfstreu in ihrer Bedeutung für die Landwirtschaft und die
    Städtereinigung. 1890.
Kane, Sir Robert, Industrial Resources of Ireland. 1844.
Kerr, V. C., W. A., Peat and its Products. 1905.
Kinahan, G. H., M. R. I. A., Irish Peat: its Utility and Possibili ties. 1870.
Koller, Theo., Die Torfindustrie. Hartleben, Wien 1898.
Kuhlow, German Trade Review. 19th February 1902.
Larbalétrier, A., La Tourbe et les Tourbières. 1901.
Leavitt, T. H. (Boston, U. S. A.), Facts about Peat as Fuel. 1867 and 1904.
Leo, W., Das gesamte Torfwesen.
Livingstone, F., Manufacture of Peat Charcoal. 1880.
Lock, C. G. Warnford, Economic Gold Mining. 1895.
Logan, Sir W. E., Geology of Canada. 1863.
Lunge, Prof. Geo., Ph. D., Coal-Tar and Ammonia. 1900.
Lyell, Sir Charles, Principles of Geology, vol. I. 1867.
„Making Peat Briquettes by Electric Power", Engineering and Minung, Jour-
    nal 1902.
Mallet, R., Artificial Preperation of Turf.
v. Massenbach. Praktische Anleitung zur Rimpauschen Moordammkultur.
    Berlin 1904.
Meadows, J. M. C., C. E., Peat Fuel Question: its Position and Prospects. 1873.
Meddelelse fra Mosindustrie-Foreningen. Viborg.
Meddelelser, von, „Det norske Myrselskabt". Kristiania.
Mitteilungen des Heidekulturvereins für Schleswig-Holstein.
Mitteilungen des Vereins zur Förderung der Moorkultur im Deutschen Reiche. Berlin.
Moore, Dr. D., „Irish Mosses", Proceedings of Royal Irish Academy. 1872.
Moss, C. E., B. Sc., „Peat Moors of the Pennines: their Age, Origin, and Uti-
    lisation", Geographical Journal, vol. XXIII. 1904.
„Moss-Litter and the Special Advantage of Sphagnum", Bureau of Mines.
    Ontario 1896.
Nasmith, John, „Peat: its Properties and Uses", Transactions of Highland
    Society of Scotland, vol. III. 1807.
Newton, W. E., „Peat as an Article of Fuel", Journal of Society of Arts, 1862.
Dr. Nöggerath. Der Torf. Sammlung gemeinverständl. wissenschaftl. Vorträge.
Nordenström, G., L'Industrie Minière de la Suede in 1897.
Nunn, Lieut.-Col., F. R. C. V. S., F. R. S. E., D. S. O., C. I. E., Scientific and Com-
    mercial Value of Peat Moss. 1905.

Österr. Moorzeitschrift.

O. Reilly, Prof. (College of Science, Dublin), French Peatworking Implements. 1872.

— Peat Fuel 1872.

Otto, F. J., Lehrbuch der landwirtschaftlichen Gewerbe.

Page, David, F. G. S., Advanced Text-Book of Geology. 1861.

— Economic Geology. 1874.

Page, W. H., Making Coal of Bog Peat. 1898.

Paget, F. A., „Peat", Vienna Exhibition Report, part 2. 1875.

Parliamentary Report on the Destructive Distillation of Peat. 1851.

Patin, C., Traité des Tourbes Combustibles (With copy of his French Patent).

Paul, Dr., B. H., „Utilisation of Peat", Journal of Society of Arts. 1862.

— Manufacture of Hydro-Carbon Oils, Paraffin etc., from Peat. (Paper read before British Association.) 1863.

„Peat in the Falkland Islands", Bulletin Imp. Institute, III, p. 166, 1905.

Peter, Rev. J., Peat Mosses of Buchan. 1875.

Philips, H. J., F. C. S., Fuels: their Analyses and Valuation. 1890.

— J. A., M. I. C. E., Elements of Metallurgy. 1887.

Poole, Hermann, F. G. S., Calorific Power of Fuels. 1898.

Primics, George, Die Torflager der Siebenbürgischen Landesteile 1892.

Reclus, J. J. Elisée, The Earth, 1871 and 1887.

Renault, B., „Sur la Construction des Tourbes", Comptes rendus, vol. CXXVII. 1898.

Report of Parliamentary Commission on Irish Bogs. 1814.

Report of Royal Coal Commission. 1904.

Reynolds, Prof. Emerson, F. R. S., Peat as a Fuel for Siemens' Regenerative Gas Furnace. 1872.

Rennie, R., Essays on Natural History and Origin of Peat Moors. 1810.

Richardson, R., Peat as a Substitute for Coal (including Report of Dublin Peat Commission). 1873.

Rogers, Jasper W., C. E., Peat and Peat Charcoal as a Fuel and Fertiliser. 1847.

Saunderson, Geo., „Essay on Charring Peat", Transactions of Highland and Agricultural Society of Scotland, IV. 1816.

Schatz, D., Torf als Spinn- und Webstoffe.

Schenck, E., Rationelle Torfverwertung.

Schlickeysen, C., Mitteilungen über die Fabrikation von Preßtorf durch die Ziegel- und Torfpresse.

Schreiber, Hans, Moorkultur und Torfverwertungen. 1902.

Schwackhofer, Franz, Fuel and Water. 1884.

Senft, F., Humus, Moos-, Torf- und Limonitbildungen. 1862.

Sexton, Prof. A. Humboldt, Fuel and Refractory Materials. 1897.

Seydel, Leo, Der Torf und seine rationelle Verwertung als Radikalmittel gegen Moorbrennen und Auswanderung. 1874.

— Industrielle Torfgewinnung. Berlin 1887.

Seyfert, A. G., „Peat in Canada", Engineering and Mining Journal, September 1899.

Siegner, Theodor, Die Ausbeutung der bayerischen Moorschätze durch Staats- und Privatbetriebe. München-Freising 1911.

Skertchley, S. B. J., Geology of the Fenland. 1877.

Stiemer, Dr. H., Der Torf und dessen Massenfabrikation nach dem zeitigen Stande der Wissenschaft und Technik. Halle 1883.

Stork, Robt. M., Popular History of British Mosses.
Stutzer, A., Keimtötende Wirkung des Torfmulls.
Sundbarg, G., La Suède, son Peuple et son Industrie. 1900.
— English edition of above. 1904.
„Svenska Mosskulturföreningens Tidskrift". Jönköping.
Technische Rundschau des Berliner Tageblatts.
Thenius, Georg, Die Torfmoore Österreichs. Wien 1874.
Thurston, Robt. H., M. A., C. E., Materials of Engineering, pt. I. 1884.
Todd, W., „Essay on the Effects of Compression in converting Peat into
    Fuel", Transactions of Highland and Agricultural Society of Scotland (N. S.),
    III. 1839.
Die Verhandlungsberichte der Zentralmoorkommission in Preußen.
Vignoles, Chas., Method and Cost of producing Coke from Turf. 1853.
Vincent, Prof. Camille, Ammonia and its Compounds. 1901.
Vogel, Dr. Aug., Der Torf: seine Natur und Bedeutung. 1859.
Walker, Dr., „Essay on Peat", Transactions of Highland and Agricultural
    Society of Scotland, II. 1803.
Watt, Geo., Economic Products of India, vol. VI. 1892.
Weber, Dr. C. A., Vegetation und Entstehung des Hochmoors von Augstumal.
    Eine formations-biologisch-historische und geologische Studie. Berlin, P. Parey
    1902. — Über Torf, Humus und Moor. Abh. Naturw. Ver. Bremen, XVII,
    1903. — Die Geschichte der Pflanzenwelt d. nordd. Tieflands seit der Ter-
    tiärzeit. Rés. sc. du Congrès intern. de Botanique. Wien 1906. — Aufbau
    und Vegetation der Moore Norddeutschlands. Englers Bot. Jahrb., XL, 1907.
Wentz, Dr. G., Dr. Lindner und H. Eichhorn. Der Kugeltorf. Frey-
    sing 1867.
Wheeler, W. H., C. E., History of the Fens of South Lincolnshire.
Whitaker, W., Geology of London, vol. I, 1889.
Williams, C. W. and D. Kinnear Clark, C. E., Fuel: its Combustion and
    Economy. 1886.
Wolff, Dr. L. C., Über den augenblicklichen Stand der industriellen Verwertung
    von Torf als Brennstoff.
Woodward, H. B., Geology of the Country around Norwich. 1881.
Wyer, S. W., M. E., Producer-Gas and Gas Producers. 1906.
Young, Rev. G., and J. Bird, Geological Survey of Yorkshire Coast. 1828.
Zeitschrift des Vereines deutscher Ingenieure.
Zeitschrift für Moorkultur und Torfverwertung. Wien.
    Siehe auch die regelmäßig wiederkehrenden Quellenangaben in den „Mit-
teilungen des Vereins zur Förderung der Moorkultur".